信息技术类专业通用教材　ｉ教育·融合创新一体化教材

多媒体制作技术 微课版

DUOMEITI ZHIZUO JISHU

主编◎裴文俊

U0381500

· 以真实操作项目、典型工作任务为载体
· 配有 35 个操作演示微课素材

华东师范大学出版社
·上海·

图书在版编目（CIP）数据

多媒体制作技术/裴文俊主编. —上海：华东师范大学
出版社，2021
 ISBN 978－7－5760－1786－1

 Ⅰ.①多… Ⅱ.①裴… Ⅲ.①多媒体技术－中等专
业学校－教材 Ⅳ.①TP37

 中国版本图书馆 CIP 数据核字（2021）第 144517 号

多媒体制作技术

主　　编　裴文俊
责任编辑　蒋梦婷
特约审读　陈丽贞
责任校对　黄　燕　时东明
装帧设计　俞　越

出版发行　华东师范大学出版社
社　　址　上海市中山北路 3663 号　邮编 200062
网　　址　www. ecnupress. com. cn
电　　话　021－60821666　行政传真 021－62572105
客服电话　021－62865537　门市（邮购）电话 021－62869887
地　　址　上海市中山北路 3663 号华东师范大学校内先锋路口
网　　店　http://hdsdcbs.tmall.com

印　刷　者　上海新华印刷有限公司
开　　本　787 毫米×1092 毫米　1/16
印　　张　10.25
字　　数　205 千字
版　　次　2024 年 8 月第 1 版
印　　次　2024 年 8 月第 1 次
书　　号　ISBN 978－7－5760－1786－1
定　　价　36.00 元

出 版 人　王　焰

前 言 QIANYAN

　　多媒体技术是一门具有很强实用性的学科,基于信息技术和网络的多媒体制作技术已经渗透到人们的生活、工作、学习等多个领域。各种多媒体作品和多媒体元素的处理技巧深受青年学生的追捧,多媒体技术已经成为当代青年必须具有的计算机操作技能。因此,我们从实用的角度编写了这本适合职业学校学生使用的教材,帮助学生掌握设计和制作多媒体作品必需的基础知识和基础制作技能。

　　本书共分为六个模块,首先介绍了多媒体技术基本概念、特点,多媒体计算机的组成和多媒体美学基础知;其次分别结合实例介绍了使用图形制作软件(Adobe Illustrator CS5)、图像处理软件(Photoshop CS5)、音频录制和编辑软件(Audition CC2020)、视频编辑软件(Premiere Pro CC 2017)、动画制作软件(Flash CS5)和三维动画制作软件(3ds Max 7)等处理和制作多媒体作品的方法。

　　本书以实践应用为特色,以任务引领为主线,案例制作贴近学生生活,各部分结构上相互独立,内容上层次递进,由浅入深,符合职业学生的学习规律。同时,本书配有 PPT 和微课视频资源,读者可以方便、快捷、直观地进行辅助学习。

　　本书由上海市工商外国语学校裴文俊担任主编并统稿。上海市工商外国语学校计算机教研室部分老师参与编写,其中裴文俊编写模块一,张春兰编写模块二和模块三中的项目一,郭昕编写模块三中的项目二和模块六中的项目一,丁梦菲编写模块四,聂明亮编写模块五,曹晨烨编写模块六中的项目二。

　　由于多媒体技术更新迅猛,应用软件不断开发和完善,编者水平有限,难免存在疏漏之处,恳请广大读者批评指正。

编者

2022 年 7 月

目 录 MULU

模块四
音频剪辑与实例

模块五
视频剪辑与实例

模块六
动画制作与实例

模块一
认识多媒体技术

  本模块以图文并茂的直观形式，首先介绍多媒体技术的概念和特点，主要应用场景，其次介绍多媒体计算机系统的组成和构成多媒体作品的素材来源，然后介绍多媒体产品的分类、一般开发过程和有关多媒体产品的著作权保护内容。通过本模块学习，学生能理解媒体、多媒体、多媒体技术的概念和特点，了解多媒体技术的现状和发展趋势，引导学生关注多媒体技术对人们的学习、工作和生活的影响。通过本模块学习，学生还能知道文本、图形、图像、音频、视频和动画等多媒体素材的基本内容和区别，同时可以了解多媒体计算机的软件和硬件知识，掌握配置多媒体计算机的基本要求和内容。本模块以一个多媒体产品实际制作过程为例，介绍了多媒体产品的开发一般过程，以及从知识产权保护角度，着重介绍了多媒体作品著作权的相关知识。在整个模块中贯穿了必备的知识体系，并安排了知识拓展、自主练习和评价内容，使读者对于多媒体有一个基本和全面的了解。

项目一
多媒体与多媒体技术基础

文档 1-1
多媒体基础

学习目标

- 理解媒体、多媒体和多媒体技术概念。
- 熟悉常用多媒体元素和多媒体技术。
- 了解多媒体技术特点及其应用。

任务 1
初识媒体和多媒体

任务描述

小王是一名中职学校的新生，他非常想把美丽的校园和多彩的学习生活记录下来，制作成多媒体作品。可究竟什么是多媒体呢？

任务分析

媒体和多媒体是随着信息技术的发展和应用软件的开发，逐步发展和演变而形成的，它们的内涵各不相同。

任务实施

一、认识媒体

1. 什么是媒体

媒体(Medium)在计算机领域有两种含义：一种是指客观存在的信息存储的实体，如硬盘和光盘等。另一种指信息交流的载体，如文本、图形、图像、声音、视频和动画等。

2. 媒体的分类

按照国际电信联盟(ITU)标准定义,媒体可以分为以下5类:

(1) 感觉媒体(Perception Medium)。

感觉媒体直接作用于人的感官,使人产生感觉的媒体,如语言、文字、图像和温度等。

(2) 表示媒体(Representation Medium)。

表示媒体主要是为了有效加工、处理和传输感觉媒体。人为构造的媒体,主要指基于感觉媒体的编码。

(3) 显示媒体(Presentation Medium)。

显示媒体将感觉媒体与用于通信的电信号之间相互转换的物理设备,包括信息输入和信息输出的显示媒体,如键盘和鼠标属于输入型显示媒体,显示器和打印机属于输出型显示媒体。

(4) 传输媒体(Transmission Medium)。

传输媒体用于传输表示媒体的物理介质,如电缆、光纤和电磁波等。

(5) 存储媒体(Storage Medium)。

存储媒体用于存放表示媒体的存储介质,如硬盘和光盘等。

二、认识多媒体

1. 多媒体概念

多媒体指包含多种媒体种类,利用计算机技术,能实现人机交互、信息传递和交流的系统,如图1-1所示。

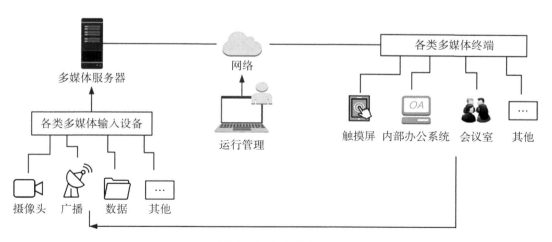

图1-1　多媒体系统

2. 多媒体素材

多媒体素材指多媒体外在的表现形式,主要包括文本、图形、图像、音频、视频和动画等,其说明和常见文件举例见表 1-1。

表 1-1　多媒体素材种类

名称	说　　明	常见形式
文本	人机信息交换主要媒体,指各种文字、大小、格式及色彩的字符	Word 文件
图形/图像	图形:从点、线、面到三维空间的黑白和彩色几何图,包含直线、矩形和圆等形状、位置和颜色等属性 图像:指静态图像,由像素点阵组成的画面,能表现较丰富层析和色彩等细节内容	jpg 文件
音频	表达思想情感必不可少的媒体,指各种音乐、语音和音响效果	MP3 文件
视频/动画	利用人眼"视觉停留"现象,将有联系的图像或帧,按顺序快速播放的过程,感知为连续运动,形成动态效果	MP4 文件、Flash 文件

知识链接

国际电信联盟(International Telecommunication Union)是联合国的主管信息通信技术事务专门机构,简称"国际电联"、"电联"或"ITU"。国际电信联盟负责分配和管理全球无线电频谱与卫星轨道资源,制定全球电信标准,向发展中国家提供电信援助,促进全球电信发展。

任务拓展

传统的视频和动画区别是产生方式不同。动画是利用计算机图形技术绘制出的连续画面,视频是将模拟影视经过数字化后,再将图像和声音进行同步混合形成。

任务 2
了解多媒体技术

任务描述

了解了多媒体的基本概念后,如何制作多媒体呢? 小王想知道,多媒体制作技术有哪些以及多媒体技术未来发展前景怎么样？

任务分析

多媒体技术改变了人机体验,它的一些特点更符合现代人直接的、面对面的交流的需求。它的应用领域几乎涵盖了人们生活的方方面面。

任务实施

一、认识多媒体技术

1. 多媒体技术概念和内容

多媒体技术指使用计算机处理文本、图形、图像、音频、视频和动画等多媒体素材的综合技术。

多媒体技术包括多种计算机技术,主要有数据压缩和编码技术、数字图像技术、数字音频视频技术、多媒体通信技术和多媒体数据库技术。

2. 多媒体技术特点

多媒体技术具有以下特点:

（1）集成性。

集成性是多媒体技术的基本特征,多媒体技术包含了各种多媒体素材及其加工处理的计算机技术,是各种多媒体软件和硬件技术的集合体。

（2）交互性。

交互性是多媒体技术本质特征,多媒体技术使用户和多媒体系统形成信息双向交流,用户能接收多媒体信息,还能主动控制、检索和处理多媒体信息。

（3）多样性。

多媒体技术处理的素材和信息,不局限于文本、图形、图像、音频、视频和动画等,还包括基于人类联想模式,具有网状信息结构的超文本和超媒体。

（4）实时性。

实时性也叫同步,由于多媒体技术具有集成性和交互性,为了确保用户体验,各种媒体素材和信息的时效性必须保持一致,没有延迟。

二、多媒体技术的应用及发展

1. 多媒体技术的应用

由于计算机技术日新月异,多媒体技术的发展水平也是突飞猛进,相应的应用软件的更新换代速度扶摇直上。多媒体技术不但发展快,而且应用非常广泛。

（1）教育培训。

教师利用多媒体技术，将教学目标、教学资源和教学过程有机组合，以学生乐于接受的多媒体表现形式开展教学。各种配以声音和视频的电子教材，既便于存储，又易于保护和理解，如图1-2所示。

（2）广告宣传。

在产品介绍、主题宣传演示中，使用多媒体技术能提高宣传效果，使客户更直接和形象地认识商品，提升客户对产品的兴趣，实现销售预期效果，如图1-3所示。

图1-2　多媒体教室

图1-3　多媒体广告

（3）游戏娱乐。

多媒体技术促进了游戏和娱乐的动态感、情景感和交互感的形成，目前的游戏和娱乐产业吸引力与日俱增，如图1-4所示。

（4）远程通信。

视频会议、远程会诊、家庭聊天等形式，将多媒体技术和网络通信技术有机结合，突破时空限制、丰富了各种信息交流途径，实现信息共享，如图1-5所示。

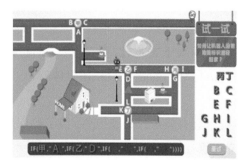
图1-4　多媒体游戏

图1-5　多媒体通信

2. 多媒体技术的发展趋势

计算机技术和通信技术的高速发展，促使未来多媒体技术的发展将呈现以下特点：

（1）使工作生动有趣：将多媒体技术应用到企业管理中，员工交流和业务来往以多媒体形式展现，可以改善工作环境，提高工作质量。

（2）使生活多姿多彩：家庭消费将是多媒体技术应用的主流，多媒体技术无论从单一地接收到个性化选择节目，还是从单机娱乐向网络娱乐发展，都将给人们的生活休闲方式带来深刻的变革。

知识链接

不同多媒体素材需要用不同的应用软件进行加工处理，主要有如下常用的方式：Illustrator 处理图形，Photoshop 处理图像，Premiere 进行影视编辑，Flash 处理平面动画，3ds max 处理三维动画，Dreamweaver 设计多媒体网站。

任务拓展

超文本和超媒体。传统的文本是线性方式，而随着大数据的产生，更多的文本不是单一线性，而是相互有联系，并通过相关内容的"链接点"组成的网状结构，这种文本的组织方式与人类的思维记忆方式接近，我们称为超文本。

随着多媒体技术的兴起和发展，超文本内涵从纯文本扩展到多媒体各类素材，就产生了超媒体。

项目实践

同学们请以小组形式，撰写一份调查笔记，要求如下：

同学们请观察一下在你平时的课堂学习过程中，都使用过哪些多媒体技术？结合你所学多媒体技术知识，分析其中的多媒体素材有哪些？多媒体技术的特点有哪些？

项目评价

测评项目		学生自评		
		完全理解	比较了解	有待了解
任务 1	媒体和多媒体的概念、多媒体素材			
任务 2	多媒体技术的概念、特点及应用			
小组评价	自主实践中的小组合作情况	☐ 独立完成　☐ 合作完成		
教师评价	课堂互动表现和调查随笔完成情况	☐ 已掌握　☐ 进一步学习		

项目二
多媒体计算机系统

📍 学习目标

- 理解多媒体计算机系统概念。
- 理解多媒体硬件系统和软件系统内容。
- 掌握多媒体素材采集方法。

任务 1
多媒体计算机系统的组成

📋 任务描述

小王对多媒体技术产生了浓厚的兴趣,要想学习和使用多媒体技术,他首先想到的是要买一台计算机,可是什么样的配置才是一台真正的多媒体计算机呢?

📈 任务分析

多媒体计算机属于计算机范畴,所以具备普通计算机所需的硬件和软件系统。同时为了更好地处理多媒体素材和传递多媒体信息,多媒体计算机应该具备多媒体特征。

📖 任务实施

一、多媒体计算机系统的组成

1. 多媒体计算机系统的含义

多媒体计算机系统是以普通计算机系统为基础,融合图形、图像、音频和视频等多媒体素材,并能进行综合处理的硬件系统和软件系统。

2. 多媒体计算机系统的配置

多媒体计算机系统除了常规计算机系统的配置外,硬件系统还要具备多媒体外部设备和接口,软件系统要有多媒体操作、驱动和制作等系统软件和各种应用软件,一般配置如图1-6所示。

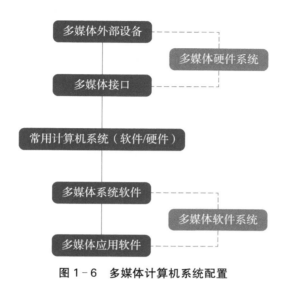

图1-6 多媒体计算机系统配置

二、多媒体计算机系统的硬件组成

多媒体计算机系统的硬件结构一般包括多媒体接口和多媒体外部设备。

1. 多媒体接口

多媒体接口是多媒体信息和计算机核心系统之间的输入输出的通道,一般插入和集成在计算机主板上,是进行多媒体应用程序开发和应用必备的硬件。常用的有显示卡、声卡和视频卡等,主要作用是对各相应多媒体素材进行采集和加工处理后,通过信号转换,在各种多媒体设备上输出。

(1)显示卡:计算机用于显示的功能卡,主要连接显示器,用于将计算机内数字信号转化成图像并显示在显示器,并且可以调整屏幕显示属性。

(2)声卡:计算机处理声音的功能卡,主要连接话筒和耳机等,用于声音的输入、输出、加工处理和模拟数字信号的转换,并提供各种声音和设备接口与集成。

(3)视频卡:计算机处理动画和视频的功能卡,主要连接摄像机等,用于采集动画和视频信息,进行处理和转化,并提供各种视频和设备接口与集成。

2. 多媒体外部设备

多媒体设备多用于多媒体信息的采集和显示,属于计算机系统的输入、输出设备范畴,目前多指智能数字采集设备。除了基本的显示器、键盘、鼠标、音箱、麦克风和打印机外,常用的多媒体设备有扫描仪、数码相机、摄像机、录音笔、多媒体播放器以及智能手机等。

(1)扫描仪:对各种静态文稿图像进行采集和存储,并通过软件识别其中内容,进行编辑处理。

(2)数码相机:将光学影像转换成电子数据,进行存储和计算机之间的传输。

(3)数码摄像机:可以采集视频信息,经过处理还原显示出相应的动画和影视画面。

(4)录音笔:具有携带方便、操作简单的特点,用于实时录制音频。

(5)多媒体播放器:主要有音频播放器和视频播放器,是一种功能特定的小型计算机,可以播放特定音频和视频格式的文件。

(6)智能手机:具有独立操作系统,相当于小型个人电脑,集成了录音、拍照、摄影和播放等多种功能于一体的新型多媒体设备,所以现在手机的应用越来越广泛。

三、多媒体计算机系统的软件组成

多媒体计算机系统,除了硬件系统,软件系统必不可少。软件系统的作用是综合协调和应用硬件系统,有机地组织、处理和应用多媒体信息。多媒体计算机软件系统包含多媒体系统软件和应用软件,它们与硬件系统结构关系如图1-7所示。

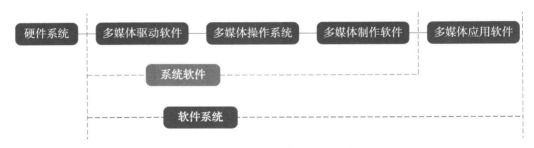

图1-7 多媒体计算机软件系统

1. 多媒体系统软件

(1)多媒体驱动软件。它是计算机硬件系统和整个软件系统的直接接口,使各类硬件初始化,为软件使用硬件提供驱动,如各种接口的驱动程序。

(2)多媒体操作系统。它能对计算机的软件和硬件进行全面的多任务调度、进程控制和操作管理,如常用的 Mac OS 和 Windows 系统。

(3)多媒体制作软件。它包含多媒体素材处理软件和多媒体产品开发软件。多媒体素材制作软件为多媒体产品开发,而对各种多媒体素材分门别类进行采集、编辑和处理等专门化软件。如图像处理软件 Photoshop 和动画处理软件 Flash 等。多媒体产品开发软件指用于编辑、生成和开发特定用途的多媒体作品的软件和平台,如多媒体制作软件工具(如 ToolBook Instructor)。

2. 多媒体应用软件

多媒体应用软件是基于多媒体环境的用户需求,而实现特定目的的应用软件或程序,如各种教学软件、实时监控系统和智能人员管理系统等。

知识链接

1. 声卡和显卡的集成

目前的计算机一般配置都把声卡和显卡集成在主板上,这对于普通用户来说已经完全符合需求。但对于专业游戏玩家、专业音频、视频编辑者和图形、图像制作者来说,他们通常需要独立的显卡和声卡,即需要单独插在计算机主板上特定的卡槽内,并运行驱动程序后才能使用。

2. 视频卡的分类

视频卡也叫视频采集卡,它从硬件角度实施图像信号的数字化、压缩、存储、解压和回放等功能,按照其用途可以分为广播级、专业级和民用级视频采集卡。它们的区别主要是采集的图像指标不同,如图像分辨率、视频信噪比和压缩比等。

任务拓展

多媒体计算机经常需要将外界的模拟信号转化为计算机能够识别和处理的数字信号。下面我们来具体了解一下模拟信号和数字信号的区别。

模拟信号是指对源数据以连续波形传输,如传统电话中的音频。数字信号指对源数据进行处理编码后,以 0 和 1 的形式,离散传输。在保密性和稳定性上,数字信号强于模拟信号。由于计算机中央处理器只能处理数字信号,所以对于输入的模拟信号,要先进行模(模拟)数(数字)信号的转换过程。

任务 2
获取多媒体素材

任务描述

小王急于学习多媒体技术,那应该怎么开始呢?

📈 任务分析

多媒体制作技术是对各种多媒体素材进行获取、处理和展示的过程,所以,在开始学习多媒体制作技术前,要先学习如何获取各类多媒体素材。

📖 任务实施

一、获取多媒体素材

多媒体素材包括了文本、图形、图像、音频、视频和动画等多种形式,多媒体素材的获取主要有原创形成、专业设备和网络下载三种方式,具体说明及举例见表 1-2 所示。

表 1-2　多媒体素材获取方式举例

获取方式	举　　例
原创形成	键盘输入、语音输入、应用软件自行绘制或创作等
专业设备	扫描仪、录音笔、照相机、摄像机和手机等
网络下载	各类专业资源网站和搜索引擎等

二、管理多媒体素材

获得多媒体素材后,要进行有效的分类管理和针对性的处理,才能发挥素材的作用,使多媒体作品更具有感染力。

学会利用计算机管理多媒体素材,能区分原始素材和处理后素材,并按照素材类型进行分类保存。具体文件夹分类保存举例如图 1-8 所示。

图 1-8　多媒体素材分类保存举例

 **项目实践**

（1）以小组形式，列出一份购置多媒体计算机设备清单，要求如下：

结合本项目所学和网上搜索的计算机配置情况，为小王列一份计算机配置购买清单，包括硬件、软件和其他设备，使这台计算机能够实现最基本的多媒体功能。

（2）任选一种方式，获取一种多媒体素材，并在小组中交流展示。

项目评价

	测评项目	学生自评		
		完全理解	比较了解	有待了解
任务 1	多媒体计算机系统的组成			
任务 2	获取多媒体素材			
小组评价 1	计算机配置清单的小组合作情况	☐ 独立完成 ☐ 合作完成		
小组评价 2	素材及获取方式获得小组认可	☐ 一致认可 ☐ 不完全认可		
教师评价	课堂互动表现和计算机配置清单完成情况	☐ 已掌握 ☐ 进一步学习		

项目三
多媒体产品简介

学习目标

- 理解多媒体产品概念和种类。
- 理解多媒体产品的著作权。
- 了解多媒体产品的开发过程。

任务 1
多媒体产品种类

任务描述

小王在了解多媒体技术的基本概念后，非常想成为一名多媒体产品制作员，可究竟怎样的计算机作品才是真正的多媒体产品呢？

任务分析

多媒体产品不同于一般的计算机文件，应当有其独特的含义和种类。

任务实施

一、多媒体产品的概念

多媒体产品指利用多媒体技术开发的并应用于各种领域，以文字、图像、声音和动画等形式展示，并能实现人机交互或智能管理等目标的一种计算机应用产品。

二、多媒体产品的分类

按表现形式：软件产品和硬件产品。

按应用领域：教育产品、商业产品和办公产品。

按互动性：单向产品和交互性产品。

三、多媒体产品的著作权

不同于传统单一形式的文化产品，多媒体产品以其创新、新颖和丰富的互动效果，实现迅速传播。一份多媒体产品中蕴含了大量创作人员的智慧和辛勤劳动，在网络传播迅猛发展的时代，对原始创作者智力成果的保护，既是尊重知识的体现，也是保护个人品牌和鼓励创新的手段，更是促进社会主义文化事业的发展与繁荣有力保障。

对多媒体产品的保护可以适用《中华人民共和国著作权法》。著作权包括人身权和财产权。著作人身权，是作者基于作品依法享有的以人身利益为内容的权利，包括：发表权、署名权、修改权、保护作品完整权。著作财产权，是著作权人基于对作品的利用给其带来的财产收益权，包括：复制权、发行权、出租权、展览权、表演权、放映权、广播权、信息网络传播权、摄制权、改编权、翻译权、汇编权，应当由著作权人享有的其他权利。对于著作财产权部分，权利人可以许可他人使用、全部或部分转让权利，并依照约定或者法律有关规定获得报酬。

然而，著作权不是无限的权利，著作权人对某部作品享有充分权利的同时，在作品的利用方面对社会必须履行一些义务。包括著作权的"合理使用"、著作权的法定许可等，这就是著作权利的限制。这种规定能够推动科技创新，扩大产品传播范围。

（1）合理使用：在符合法律规定的情况下使用作品，可以不经著作权人许可，不向其支付报酬，但应当指明作者姓名或者名称、作品名称，并且不得影响该作品的正常使用，也不得损害著作权人的合法权益。

（2）法定许可：为实施义务教育和国家教育规划而编写出版教科书，可以不经著作权人许可，在教科书中汇编已经发表的作品片段或者短小的文字作品、音乐作品或者单幅的美术作品、摄影作品、图形作品，但应当按照规定向著作权人支付报酬，指明作者姓名或者名称、作品名称，并且不得侵犯著作权人依照本法享有的其他权利。

知识链接

多媒体产品因其人机交互和生动形象的特点，正在进入各个应用领域。特别是在教育领域，教师综合应用声、像、图、文并茂的教学信息，能激发学生的求知欲、创造欲和参与欲，同时还能增强对知识的理解能力。

任务拓展

请同学们积极观察生活和学习中的场景，发现多媒体产品，并尝试归类。及时与同学互相交流。

任务 2
多媒体产品开发过程

任务描述

    小王产生了一个疑惑,是不是学会了一些多媒体开发工具的使用,就能开发一个真正意义上的多媒体产品呢?

任务分析

    一个真正意义上的多媒体产品,需要有一个严格的创作和设计开发步骤,并不是一个简单的编程过程。

任务实施

一、多媒体产品的开发

    多媒体产品的开发分为 4 个步骤,如图 1-9 所示。

图 1-9 多媒体产品开发步骤

    (1)分析设计:围绕产品主题、要求和应用领域,对产品进行功能分析,逻辑分析和技术分析,确定开发步骤、使用技术和人员分工,形成完整的解决方案。

    (2)加工制作:采集所需的文本、图像、声音和动画等素材或者所需硬件设备材料,并进行加工处理、制作、优化和成形的过程。

    (3)调试修改:对初步产品的运行过程,功能实现和主题展示,以及硬件的安全牢固性等进行测试和修改完善。

    (4)封装发行:将所有编辑文件进行包装和制作光盘,同时撰写说明书等文字材料,并发行到用户手中。

二、制作一个简单的多媒体产品

学生会要小王为技能节比赛做一个项目列表,要求以视频形式呈现。基本过程如下:

（1）分析后确定内容:以表格的形式呈现最直观,如图1-10所示。

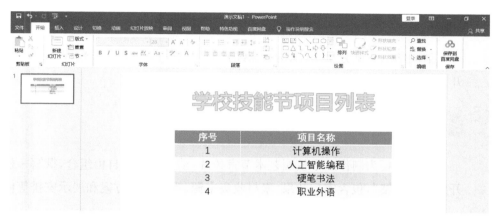

图 1-10　确定内容

（2）编辑处理:由于内容比较简单,可以选用 PowerPoint 软件进行编辑,设置动画,还能直接生成视频,简单有效,如图1-11所示。

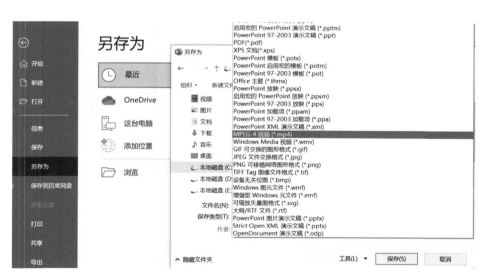

图 1-11　另存为视频

（3）调试修改:根据老师和同学的意见进行修改。

（4）封装保存:将 PowerPoint 可编辑版和最终视频版文件复制给学生会。

知识链接

《中华人民共和国著作权法》是著作权领域的基本法，是知识产权保护的基础法律之一，对于促进新时代版权事业高质量发展具有重要意义。

任务拓展

请同学们尝试分小组，围绕大家经常使用的一款线上教学软件，结合所学分析其开发的过程。

项目实践

现在需要为制作一个校园艺术节宣传片，请同学之间自由组合，撰写一份"宣传片开发设计方案"，包含实现效果、素材收集来源、视频制作方案和展示安排等内容。

项目评价

	测评项目	学生自评		
		完全理解	比较了解	有待了解
任务 1	多媒体产品种类			
任务 2	多媒体产品开发过程			
小组评价	多媒体产品开发的分析讨论	☐ 好 ☐ 一般		
教师评价	多媒体产品的了解和项目实践表现	☐ 已掌握 ☐ 进一步学习		

18　　多媒体制作技术

模块二
多媒体作品赏析

本模块以帮助学生掌握必要的美学基础为目标,以通俗易懂和深入浅出地方式介绍了美学的基本知识和原理,包含色彩的基本属性及特征,色彩搭配的基本方法及适用场景,常用的构图方法等内容。通过分析多媒体广告等实例,循序渐进地加深学生对于实用美学在多媒体技术中应用的理解。模块中通过制作一个贴近学生生活的职业生涯规划宣传作品为例,揭示了运用美学原则改善多媒体作品,提高作品的宣传力和感染力的一般方法。通过本模块学习,使学生在多媒体技术学习过程中,能融入美学思维,使学生充分理解科技和美学之间有着相互交融的紧密关系,掌握基本的构图和色彩搭配等制作技法。本模块最后,安排的项目实践内容,旨在鼓励学生在生活中发现美和创造美。

文档 2 - 1
美学知识

项目一
多媒体美学知识

学习目标

- 了解色彩的基本属性及特征。
- 了解色彩搭配的基本方法及适用场景。
- 理解常用的构图方法及适用场景。

任务 1
色彩基础知识

任务描述

文文是一名中职学校二年级的学生,学校迎来校园文化节,举办征集班级海报设计活动。为了更好地体现班级文化,班级海报要定什么样的色调呢?

任务分析

海报设计就如同人们的衣服一样,首先映入眼帘的是整体色调。不同的色彩内含着不同的气质,会给人不同的感受。

任务实施

一、认识色彩

色彩是指光从物体反射到人的眼睛所引起的一种视觉心理感受。人们肉眼看见物体的颜色其实是物体吸收了有色光波,然后将这种光波反射到人们的眼睛里。

二、色彩的三大属性

1. 色相

色相是指色彩的相貌,是不同波长的色彩被感觉的结果,被用来区分颜色,是色彩最显著的特征。人们熟知的红、橙、黄、绿、青、蓝、紫就是最基本的七种色相,图2-1展示了一幅色相图。

2. 明度

明度是眼睛对光源和物体表面的明暗程度的感觉,是主要由光线强弱决定的一种视觉体验,是色彩深浅、明暗的变化。比如浅粉色、粉色、深粉色、红色就是明度逐渐降低,如图2-2所示。

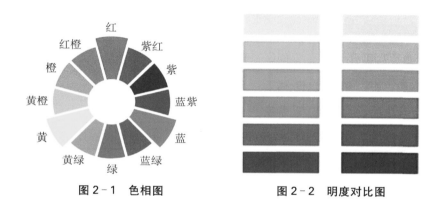

图2-1 色相图　　　　　图2-2 明度对比图

3. 纯度

纯度是指色彩的饱和程度和鲜艳程度,光波越长色相纯度越高;相反,色相纯度越低,如图2-3所示。

图2-3 纯度对比

三、色彩的视觉心理

(1)色彩既是感觉又是知觉,能够影响脑电波,带给人不同心理联想,触发不同的心理体验。在视觉心理上,红、黄、绿、蓝并称为四原色,红、黄、绿、蓝、白、黑被称为心理颜色视觉上的六种基本颜色。常见的色彩心理感知及用途如表2-1所示。

表2-1　常见色彩心理及用途

颜色	心理感知	用途
黄色	青春、乐观、豁达	画面点睛之笔
红色	热情、活力、速度、危险	喜事庆典、促销打折

颜色	心理感知	用途
蓝色	安静、信任、安全、宽容	企业、银行等
橙色	积极、进取、活力	社会服务
绿色	生命力、大自然、无污染	保健品
粉色	浪漫、温柔、甜美	年轻女性消费品
紫色	神秘、高贵、冷静	中老年女性消费品
黑色	严肃、权威、影响力	奢侈品等

（2）根据人们的生活经验，对色彩也作了基本的分类，如表2-2所示。

表 2-2　色彩分类

色彩类别	颜色	联想	心理感知
暖色系	红、橙、橘等	太阳、火焰、热血	热情、危险、温暖
冷色系	蓝、绿、紫等	太空、冰雪、海洋	寒冷、平静、理智
中性色	黑、白、灰、金、银	夜晚、云朵	柔和、轻松、大方

四、色彩的搭配

（1）不同的色彩搭配能够呈现不同的视觉效果，引发不同的心理感受。常见的色彩搭配方法及效果如表2-3所示。

表 2-3　色彩搭配方法

搭配方法	含义	效果
单色搭配	一种色相的不同明度组成的搭配	呈现明暗层次感
近似色搭配	相邻的两至三个颜色组成的搭配	对比度低，和谐度高
补色搭配	相对的两个色相组成的搭配	对比强烈，传递情绪强烈
分裂补色搭配	同时使用近似色搭配及补色搭配	画面既和谐又有重点
原色搭配	红、黄、蓝三色组成的搭配	色彩明快，多用于儿童产品

（2）图2-4～2-8展示了常见的色彩搭配效果。

图 2-4 单色搭配

图 2-5 近似色搭配

图 2-6 补色搭配

图 2-7 分裂补色搭配

图 2-8 原色搭配

知识链接

　　每一个色彩都有其对应的代码,比如黑色的代码是:♯000000,白色是:♯FFFFFF。想要记住所有颜色的代码是十分困难的,但是可以借助一些工具来获取,比如 Adobe Color CC 和 ColorSchemer Studio 配色工具软件。

任务拓展

　　目光所及之处都是各种各样的颜色,人们早已习以为常,但实际上色彩学是一门极为有趣的学科,关于色彩的研究成果极为丰富。其中被人们所熟知的有:"四季色彩理论"和"十二季色彩理论",后者是前者的补充与完善,这两种理论帮助人们根据自身的先天条件(如发色、眼珠色、肤色等)合理选择服饰、妆容等,最大限度地达到美的效果,展示自身魅力。该理论在饰品设计、家居设计等领域都得到广泛的应用。

任务 2
构图基础知识

任务描述

基本色调定好之后,就要具体来设计了。平日里文文收集了一些关于班级日常学习与生活的各种素材,但这些素材都是零碎的,海报设计就是要充分利用有限的素材来体现班级文化特色,那么具体该如何布局呢?

任务分析

一张海报构成一个完整的画面,要想设计一张脱颖而出的海报,文文需要挑选出最具代表性的素材,并在有限的画面空间里将这些素材进行最优化的布局。

任务实施

一、认识构图

1. 认识构图

艺术家为了表现作品的主题思想和美感效果,在一定的空间内按照一定的思路合理安排画面中不同主体的位置。

2. 构图的目的和作用

(1)突出画面主体,使画面主次分明。

画面的呈现范围是有限的,人的视觉注意点有其自身的规律,同一画面中不同位置的受关注度不一样,只有通过合理的构图才能使画面中的主体突出,不同元素之间主次分明。

(2)营造意境,阐述主题。

不同的构图方法在画面中所营造的意境也不相同,元素位置的调整影响着画面中的主体以及不同元素之间的关系,自然所表现的主题也会发生改变。

二、构图的常见方法

1. 九宫格构图法

九宫格构图法是指把画面看作有边框的整体,横向和纵向各三等分,整体画面构成"井"字，四个交叉点就是整个画面的中心，也被称为"兴趣中心点"，是人类眼睛最先关注的地方，如图2-9所示。布局画面时将重点放在四个交叉点上，这是最常见的构图方法，如图2-10所示。

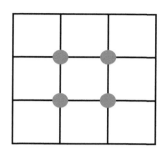

图2-9　九宫格示意图

图2-10　九宫格构图

2. 对角线构图法

对角线构图法是指把主要表现对象放置在画面的对角线上，因为画面中对角线最长，因此能够表现景物的纵深效果和立体效果，如图2-11所示。

图2-11　对角线构图

3. S形曲线构图

S形构图法能够充分展现表现对象柔和的线条，凸显温婉的气质，使画面生动，富有空间感。比较常见的表现对象有林间小路、小溪等自然景观以及女性的曲线魅力，如图2-12所示。

图2-12　S形曲线构图

在生活中,人们常常综合使用对角线构图法与S形曲线法,在律动中将人的视线带向远方,以此表现景物的动感和纵深感,营造幽静、深远的氛围。

4. 对称式构图

对称式构图具有平衡画面的作用,一般分为左右和上下对称。左右对称式能够使画面空间布局更加合理,利于表现景物庄严、肃穆、稳重、典雅的气质,常用于伟大建筑物的拍摄。上下对称常见的表现内容是景物及其倒影的拍摄,利于提升画面的艺术感,如图2-13所示。

图 2-13 对称式构图

5. 框架式构图

框架式构图是指利用不同形状的框将表现主体框起来,即"景中景"或"物中物"。这种构图方法充分利用人观察框内事物的本能,在画面中营造某种遮挡感,将人的视线引向框架内的事物,突出了主体。在将人的视线引向框中远处景物的同时,加深了画面的纵深感,如图2-14所示。

图 2-14 框架式构图

6. 汇聚线构图

根据透视规律,画面中纵深方向的线条最终都会汇聚成一点,利用该规律进行构图的方法就是汇聚线构图法。此构图法利用汇聚线条产生强烈的视觉冲击效果,可使画面更具空间立体感,如图 2 - 15 所示。

图 2 - 15　汇聚线构图

📁 知识链接

在实际操作中,针对不同的主题特点,需要使用不同的构图方法,因此很少单独使用某一种构图方法,通常是几种构图方法的综合使用。

📝 任务拓展

在实际操作中的构图方法远不止上述所列举的,其中有一些较为特殊的构图方法列举两例如下。

1. V字形构图法

V字形构图法具有不稳定性的特点,两条线在画面聚集于一点,使画面具有聚焦感,有利于突出画面主体,如图 2 - 16 所示。

图 2 - 16　V字形构图　　　　　图 2 - 17　填充式构图

2. 填充式构图法

顾名思义,填充式构图法就是让主题填满画面,有助于充分呈现表现主体的局部细节,并且充分吸引观看者的注意力,如图 2 - 17 所示。

同学们在今后的学习中,若遇到优秀的设计作品可注意学习它的构图方法,并进行积累,形成自我独特的知识体系。

项目实践

以小组为单位,收集素材并使用不同的构图方法,设计班级海报,同时在班级中评选出三份最佳作品。

项目评价

	测评项目	学生自评		
		完全理解	比较了解	有待了解
任务 1	色彩基础知识			
任务 2	构图基础知识			
小组评价	项目实践的合作情况	☐ 独立完成		☐ 合作完成
教师评价	基础知识的掌握和作品设计情况	☐ 已掌握		☐ 进一步学习

项目二
多媒体作品分析

学习目标

- 了解多媒体作品分析的主要内容。
- 掌握多媒体作品制作的基本方法。

任务 1
广告作品分析

任务描述

在学习了多媒体技术和美学的相关基础知识后，班级开展多媒体作品鉴赏主题班会，文文想在班会上分享，她在网络上找了一些自己喜欢的作品。但是要如何和班级同学具体地介绍自己喜欢的作品呢？

任务分析

一个完整的多媒体作品一般由多个元素构成，包含多种处理技术，对多媒体作品的分析一般遵循从宏观到微观、从整体到局部的思路。

任务实施

一、多媒体作品分析内容和步骤

1. 对多媒体作品主题的感知

优秀的多媒体作品主题应当是健康的、积极向上的、传播正能量的，或是传递正确的信息，给人带来科学知识。即在带给人们外在感官美的享受的同时，也能够给人带来精神上、心灵上的力量。

2. 对多媒体作品色调运用的赏析

色调是作品最外显的特征,给人最直观的视觉感受,色调的选择应当与作品主题相一致。

3. 对多媒体作品中元素布局的分析

多媒体作品通常是由多个元素组成的,元素的布局方法对信息传递至关重要,影响着画面信息的主次顺序。

4. 辨识多媒体作品中的技术类型

通常而言,多媒体作品中的技术类型是由元素决定的。文字、图片、音频、视频等不同类型的元素有其特定的处理技术。

二、案例分析——设计一份"洗发水广告"图片作品

我们将围绕广告内容,来分析多媒体作品的构思。

1. 主题感知:推销洗发水

作品中的文字、产品图片、使用效果图以及背景,传递的信息是消费者使用该产品后头发能达到的效果。背景图片能使人联想到使用产品后头发的效果。

2. 色调运用

洗发水直接作用于人的头部,因此健康是消费者购买此类产品的首要考量。绿色在人们的生活经验中象征着生命力、大自然和无污染,因此作品可以绿色为主,向消费者传递健康、安全的信息。

3. 元素布局

作品一般采用九宫格构图法,产品图像、说明信息以及使用效果图都处于画面的重要视觉点。

4. 技术类型辨识

作品中包含的技术类型有:图形、图像的绘制,文字编辑,图像合成等。

最终,这份多媒体作品能通过色调的选择、画面元素合理布局,向消费者传递了使用广告产品能够达到的良好效果的信息,刺激了消费者的购买欲。

知识链接

上文概述了多媒体作品的分析和欣赏的一般途径。总之,一个成功的多媒体作品可以理解为:短时间内使受众对象产生视听上的冲击,激活他们固有的和客观的认知和理解,从而认真欣赏和体会多媒体作品中的内涵和发现其代表产品的价值。

在日常学习、生活中多留心并欣赏优秀的多媒体技术作品,不但能提升自身的审美和信息素养,还可以为制作优秀的多媒体作品积累经验。"互联网＋"时代背景下的广告往往能体现最新的技术及表现手法,值得用心研习。

任务 2
制作职业生涯规划宣传作品

任务描述

文档 2-2
职业生涯

课堂上教师会使用多媒体课件来辅助讲解,网络上也有很多在线教育资源。这些课件和资源从多媒体作品设计的角度又该注意什么呢？

任务分析

结合职业生涯规划课程的多媒体教育资源,是多媒体在教育领域的具体应用,多媒体作品的分析标准也同样适用,在制作多媒体作品时要充分考虑多媒体作品的开发方法和充分应用多媒体美学的基础知识进行构思。

任务实施

一、案例分析——面向未来的职业生涯规划

1. 主题感知：面向未来的职业生涯规划

职业生涯规划是基于对自身性格、兴趣、特长等条件的分析,结合所学专业定位未来职业,并作出阶段性实施步骤。由此可知,职业生涯规划是重要的、是基于理性分析的。

2. 色调运用

职业生涯规划是理性的、客观的且具有实际意义。蓝色属于冷色系,给人以冷静、理智、安全的心理感受。色调的运用与主题相契合、相协调。白色是中色系,大方、"百搭"。白色字体和蓝色调背景搭配,一方面清晰度高,另一方面近色系搭配,画面和谐,保持了统一、协调的风格，如图2-18所示。

图2-18　作品封面和色调

3. 元素布局

演示文档采用了九宫格构图法、对角线构图法等。例如，首页采用了九宫格构图法，重要元素"时钟"以及"标题"分别处于人们的视线首先注意的区域，图文结合使主题一目了然，如图2-19所示。职业生涯规划阶段介绍采用了对角线构图法，以"延伸"的视角表达生涯规划的时间长度以及顺序，如图2-20所示。

图2-19　应用九宫格构图

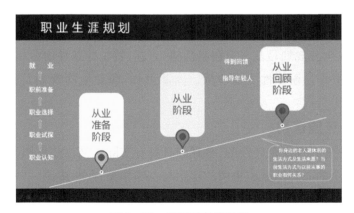

图2-20　应用对角线构图

4. 技术类型辨识

从演示文档首页和内页可以看出有不同字体及字号的文字编辑,如图2-21、2-22中图片形状的编辑,播放过程展示了素材的出现和消失方法的编辑,如图2-21所示。比如图中三位人物名字与下方文字之间先"组合",这三个组合的进入方式为"飞入",速度为"快速",开始时间为"单击时",如图2-22所示。

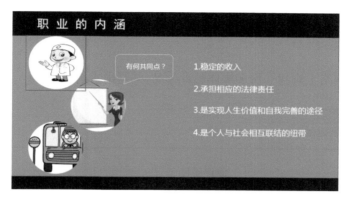

图2-21　应用形状编辑

图2-22　应用组合

![知识链接]

　　一个好的多媒体作品在熟练使用计算机技术处理文本、图片、计算机图形、动画、声音、视频等素材的同时,绝对不能忽视对多媒体作品主题的掌握。多媒体产品的真正价值在于体现作者要说明的道理、展现的内涵或者推广的产品。所以在设计多媒体产品时,必须在真正理解主题的前提下,利用计算机技术对相应细节进行处理和刻画,更好展现中心内涵。

　　多媒体作品相较于传统的文字表达,其优势在于能够调动人们的多感官感受,提高信息传递的效率。在教育信息化时代背景下,优质在线教育资源极大地促进了教育公平。在业余时间,同学们可以充分挖掘优质教育资源来服务于自身的学习与生活。

项目实践

　　在网络上查找一份多媒体教育作品,并写出赏析过程。

项目评价

	测评项目	学生自评		
		完全理解	比较了解	有待了解
任务 1	广告作品分析			
任务 2	制作职业生涯规划宣传作品			
小组评价	多媒体教育作品的赏析见解	☐ 良好 ☐ 一般		
教师评价	课堂互动表现和作品赏析完成情况	☐ 已掌握 ☐ 进一步学习		

模块三
图形、图像处理与实例

本模块以任务为引领，引导学生使用图形制作软件（Adobe Illustrator CS5）和图像处理软件（Photoshop CS5），完成指定作品，同时能学会相应软件的基本使用方法。图形处理部分，首先介绍位图与矢量图的区别及常见格式、不同格式图形图像文件的处理工具等基本知识，然后通过"图标制作"和"名片制作"2个实例，使学生掌握 Adobe Illustrator CS5 的新建、编辑、绘制等基本操作技能。图像处理部分以解决实际问题需要出发，通过分析和完成任务，使学生掌握 Photoshop CS5 的一般操作方法。通过"制作证件照"、"图像修复""图像抠取和合成"和"滤镜特效"四个基本任务，使学生学会图像选取、裁剪、变换和遮盖、滤镜通道、色彩调整等方法；通过"晾晒效果"的综合实践任务，帮助学生复习和巩固 Photoshop CS5 的一般操作方法。

项目一
图形处理

学习目标

- 理解位图与矢量图的区别及常见格式。
- 了解不同格式图形、图像文件的处理工具。
- 掌握简单图形、图像的绘制技能。

任务 1
认识位图与矢量图

任务描述

林林喜欢在网络上收集各种有趣的手机壁纸,但是当他下载使用后发现有些图片放大后就变得模糊了,而有些却不会。这些图片有什么不同之处呢?

任务分析

图片作为一种多媒体文件具有不同的格式,不同格式的图片根据其组成内容可以分为位图和矢量图两大类,它们具有各自的优缺点和适用范围。

任务实施

一、位图与矢量图的概念及区别

1. 位图

位图图像,又称为点阵图像或绘制图像,此类图像是由被称为像素的无数个点组成。位图图像放大后画面易失真,清晰度降低。

2. 矢量图

矢量图像，又称为面向对象的图像或绘图图像。矢量图图像放大后不失真。

3. 位图与矢量图的对比

位图和矢量图因为组成不同，导致两类图像在表现力、占用空间、失真度、适用工具和适用场景等方面有区别，具体内容见表 3-1。

表 3-1 位图与矢量图对比表

图像类型	构成	表现力	占用空间	失真度	常见格式	适用工具	适用场景
位图	像素	可制作色彩丰富的图像	大	缩放、旋转易失真	.jpg、.png、.gif、.bmp	Photoshop、画图等	画册、网页制作等
矢量图	数学向量	不易制作色彩多、变化大的图像	小	缩放、旋转操作后不失真	.bw、.ai、.cdr、.col	Illustrator、Flash、CorelDraw等	标志、图案、文字等

二、位图与矢量图对比实例

图 3-1 矢量图放大对比图

图 3-2 位图放大对比图

图 3-1 是 .ai 格式图片的放大对比图，图 3-2 是 .png 格式图片的放大对比图。从对比图中我们可以明显看出矢量图放大不失真，而位图放大后字体边缘出现虚化、模糊的现象，图片失真。

知识链接

我们生活中照片、网站图片和一般截图往往都是位图，而应用于插画、广告和 logo

等专业印刷场合的一般是矢量图。

任务拓展

观察身边的图形,尝试区分位图和矢量图。

任务 2
图标制作

任务描述

视频 3-1
标志制作

学校为了迎接校庆举办校园文化节标志征集大赛,林林在学习了位图和矢量图的区别及适用范围之后决定制作一个矢量图标志。

任务分析

制作矢量图图像最常见的软件是 Adobe Illustrator,操作简便,容易学习。

任务实施

一、认识软件

本次实例使用的是 Adobe Illustrator 软件的 CS5 版本,初始界面如图 3-3 所示。

图 3-3　AI 初始界面

二、操作实例

本例通过制作标志的过程,学习椭圆工具、矩形工具的编辑与使用技巧,以及了解路径查找器、填充颜色、对齐面板的使用方法来掌握简单图标的绘制方法。

(1)启动 Adobe Illustrator CS5,选择"文件/新建"命令,弹出对话框后,在名称处输入"图标"单击"确定",如图 3-4 所示。

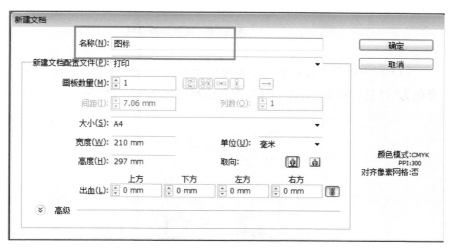

图 3-4　新建对话框

(2)选择"编辑/首选项/单位"命令,弹出对话框,在下拉菜单中将单位均设置为"毫米",如图 3-5 所示。

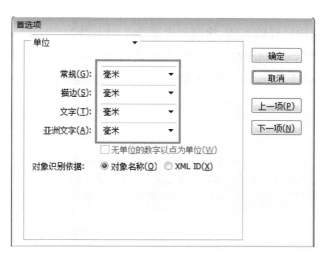

图 3-5　首选项对话框

(3)在左侧工具栏中选择矩形工具,鼠标单击编辑界面,弹出矩形属性设置,将宽度参数设置为 12 mm,高度参数设置为 30 mm,如图 3-6 所示。

图 3-6　设置矩形参数

（4）在工具栏下方设置所绘矩形的填充色和边框颜色。点击"填色"按钮,设置填充色为"红色",点击"描边"按钮,设置边框颜色为"无",如图 3-7 所示。

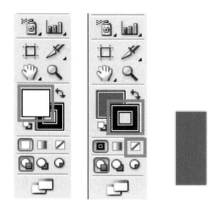

图 3-7　设置矩形颜色

（5）使用同样的方法,绘制一个宽为 5 mm,高为 20 mm,填充色为白色,边框为无的矩形。框选绘制好的两个矩形,在对其面板中单击"水平居中对齐"与"垂直居中对齐"。框选两个矩形,右击选择编组。将该组图形复制 3 份,如图 3-8 所示。

图 3-8　复制矩形组

（6）在视图中打开网格,将四个图形调整至如下位置,同时框选四个图形,右击编组,如图 3-9 所示。

（7）长按"矩形"工具在弹出的工具栏中选择"椭圆",单击界面在弹出的属性窗口中设置宽度和高度均为 80 mm,绘制一个红色的无框圆形,如图 3-10 所示。

（8）再次绘制一个长度与宽度均为 50 mm 的红色无框圆形,框选两个圆形,在对齐面板中单击"水平居中对齐"与"垂直居中对齐",如图 3-11 所示。

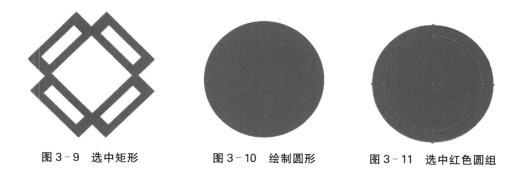

图 3-9　选中矩形　　　　图 3-10　绘制圆形　　　　图 3-11　选中红色圆组

（9）两个矩形在选中的状态下,选择菜单栏"窗口"/"路径查找器"命令,单击"减去顶层"按钮,结果使其合并为一个整体,如图 3-12 所示。

图 3-12　合并图形

（10）同时框选步骤（6）得到的图形与步骤（9）得到的图形,在对齐面板中单击"水平居中对齐"与"垂直居中对齐",完成图标的绘制,如图 3-13 所示。

图 3-13　标志图形

知识链接

以下是 AI 软件工具栏中常用的几个按钮介绍,如图 3-14 所示。

图 3-14　选择柱形工具

一、图表工具

长按柱形图工具会弹出下拉框(如图3-14),可以根据需要选择不同类型的制图工具;选择柱形图工具,在编辑界面单击会弹出属性编辑对话框,设置柱形图的横轴和纵轴长度,单击确定(如图3-15);自动弹出数据输入框,输入数据后单击确定便自动生成相应的柱形图(如图3-16)。

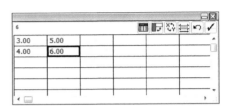

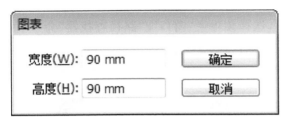

图3-15 设置柱形图参数

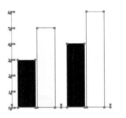

图3-16 生成柱形图

二、倾斜工具

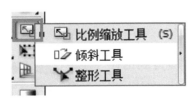

图3-17 选择倾斜工具

长按比例缩放工具会弹出下拉框(如图3-17),第二个即是倾斜工具;选择绘制好的图形,单击倾斜工具;在图形上单击,鼠标变成小十字形,移动鼠标显示角度参数;松开鼠标即可看到图形作了相应的改变,如图3-18所示。

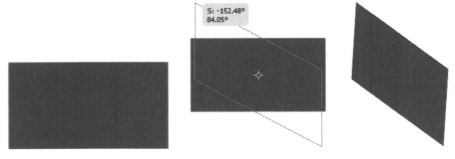

图3-18 生成倾斜图形

三、斑点画笔工具

单击斑点画笔工具,在属性面板栏设置相关属性,选择色彩,调出颜色面板;选择彩色背景在界面中涂抹,效果为彩色线条,如图 3-19 所示。

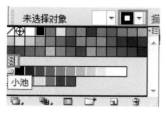

图 3-19　斑点画笔应用

任务拓展

从你学习和生活的环境中,找到一个简单图形构成的标志,并尝试制作。

任务 3
名片制作

任务描述

校园文化节包含了名片设计赛项目,林林在学习了图标制作后想要尝试名片的制作。

视频 3-2
名片制作

任务分析

名片包含的基本信息是图标和文字,因此制作名片需要掌握文字与图片的编辑技能。

任务实施

一、名片设计构思

名片的作用是要在有限的空间内向对方提供主要的信息,比如:企业的名称、企业的标志、联系人、联系方式以及地址等。除此之外，设计良好的名片应当能够通过页面的色调及元素布局凸显企业的文化特色。因此，色调的选择应当与企业的经营内容相符合，比如纯天然绿色食品行业的名片可以使用绿色色调，奢侈品销售行业的名片可以使用黑色色调。

二、操作实例

本例通过名片的绘制，学习运用矩形工具绘制图形，颜色填充、图标的置入以及使用文字工具输入文字。

（1）启动 Adobe Illustrator CS5，选择"文件/新建"命令，弹出对话框后，在名称处输入"名片"，单击"确定"，如图 3‑20 所示。

图 3‑20　新建文件

（2）选择"编辑/首选项/单位"命令，弹出对话框，在下拉菜单中将单位均设置为"毫米"，如图 3‑21 所示。

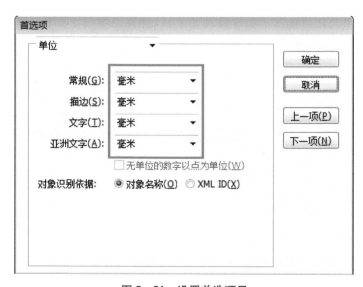

图 3‑21　设置首选项目

（3）在左侧的工具栏选择矩形工具，点击界面设置宽度为 90 mm，高度为 52 mm，绘制一个填充色为"白色"，边框为"黑色"的矩形。再绘制一个宽度为 90 mm，高度为 15 mm 的矩形，设置填充色为"浅咖色"，边框为"无"，如图 3-22 所示。

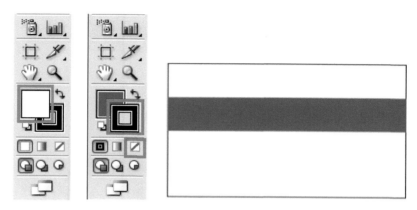

图 3-22　绘制矩形

（4）选择"文件/置入"命令，将咖啡杯图像和咖啡豆图像分别置入界面中，如图 3-23 所示。

图 3-23　素材拖入界面

（5）将咖啡豆素材复制两份，并将置入的素材拖放到相应的位置，如图 3-24 所示。

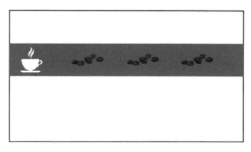

图 3-24　确定素材位置

（6）单击工具栏面板中的文字工具，在界面的适当位置单击，输入名片标题"两个人的森林"，并设置字体为"方正毡笔黑简体"，字号设置为6，并调整至图中位置，如图3-25所示。

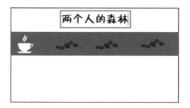

图3-25　输入名片标题

（7）单击文字工具，继续输入其他信息，设置字体为"华文宋体"，字号为3，并调整至图中位置，完成名片绘制，如图3-26所示。

图3-26　输入其他文字

知识链接

　　AI软件是一款专业而强大的图形设计软件，尤其是它的钢笔工具，学习者一旦掌握之后可以实现各种线条及形状的绘制。功能集成性高，以其集成出色的文字处理、色彩编辑等功能，在全球的印刷出版领域得到广泛应用。

📝 **任务拓展**

请同学们尝试使用学到的方法，为自己制作一张特色名片吧。

⚙️ **项目实践**

请同学们以小组为单位，设计并绘制本小组的标志作为 Logo，同时制作包含小组 Logo 的小组特色名片，在班级中评选。

💬 **项目评价**

	测评项目	学生自评		
		熟练掌握	基本掌握	不熟练
任务 1	认识位图与矢量图			
任务 2	图标制作			
任务 3	名片制作			
小组评价	小组名片	☐ 良好　　☐ 一般		
教师评价	项目实践作品完成情况	☐ 已掌握　　☐ 进一步学习		

项目二
图像处理

学习目标

- 掌握图像选取、图像裁剪、图像变换。
- 掌握图像遮盖、滤镜通道、色彩调整。

任务 1
制作证件照

任务描述

月月代表学校参加技能比赛,报名急需使用标准的证件照,可身边只有普通生活照,重新拍照来不及,怎么办呢?

视频 3-3
制作证件照

任务分析

需要标准的证件照而又急需使用时,可适当选择具有正面效果的普通生活照,通过 Photoshop 软件的裁剪功能进行相应的处理,将其制作为证件照片。

任务实施

一、认识裁剪工具、图层、套索工具

裁剪工具:使用裁剪工具可以在软件工作区中直观地对照片图像进行裁剪,通过裁剪可以将图像中需要或多余的部分剪去,实现对图像尺寸的调整,同时也能改变图片的构图效果,从而突出照片的展示重心。

图层:图层就像是含有文字或图形等元素的胶片,一张张按顺序叠放在一起,组合起来形成页面的最终效果。图层可以将页面上的元素精准定位。图层中可以加入文本、图片、表格、插件，也可以在里面再嵌套图层。

套索工具：用于创建任意不规则形状的选区。

二、操作实例

这里我们以制作一张证件照为例，来了解 Photoshop 软件的裁剪工具作用。

（1）启动 Photoshop CS5 软件，认识工作界面，如图 3 – 27 所示。

图 3 – 27 Photoshop CS5 工作界面

① 菜单栏：包括了 Photoshop 中各种应用功能的设置选项，不同的选项设置被归类为统一的菜单中，如"文件"菜单、"编辑"菜单、"图层"菜单和"滤镜"菜单等。

② 属性栏：属性栏用于显示各工具和相关应用的设置属性，可通过这些属性参数调整工具或应用功能的应用效果。

③ 工具箱：包含了 Photoshop CS5 中的所有工具，其中分别集合了各相关工具组，如矩形选框工具组、套索工具组、画笔工具组、橡皮擦工具组、钢笔工具组和 3D 工具组等。同时还显示了当前前景色和背景色以及快速蒙版按钮等。

④ 浮动面板：用于排列组合面板，如"图层"面板、"颜色"面板和"通道"面板等。单击其扩展按钮，可收起或展开浮动面板。

（2）打开素材图片，点击裁剪工具 ，在图像中的人物头部单击拖动鼠标，绘制出裁剪控制框，此时框内的图像表示裁剪后保留的图像，如图 3 – 28 所示。

（3）将光标移动到裁剪控制框的边缘节点上，拖动控制框即可对其进行旋转操作。适当旋转控制框，纠正人物效果。按下回车键确认裁剪，得到正常角度的人物正面照，如图 3 – 29 所示。

（4）单击套索工具，在图像中沿任务边缘拖动，绘制较为准确的人物选区，按下快捷键 Ctrl＋J，复制得到"图层 1"，如图 3 – 30 所示。

图 3-28　选取图像

图 3-29　获得初始图像　　　图 3-30　获得准确图像

（5）可以按住 Shift 键继续添加，也可以按住 Alt 减少多选的部分。

（6）在"图层"面板中"图层 1"下方新建"图层 2"，并填充"图层 2"为红色或者其他颜色，完成证件照，如图 3-31 所示。

图 3-31　生成证件照

（7）点击"文件"菜单，存储为"证件照"，选择 jpg 格式图片。

属性栏中的确认操作和取消操作按钮。在 Photoshop CS5 中,在如裁剪工具、文字工具等的属性栏中右侧会出现 ⊘ ✔ 按钮,需要注意的是,其中的 ⊘ 按钮表示取消当前操作,而 ✔ 按钮则表示确认或执行当前的操作。由于当前操作的不同,所有不同工具属性栏中这两个按钮的名称不同,但其功能相同。

任务拓展

利用裁剪工具简单易学的特点,同时结合形状的添加以及素材的综合运用,还可以很方便制片个性大头贴照片,不妨试试哦。

任务 2
图像修复

视频 3-4　图像修复

任务描述

一次旅游往往会有很多照片,由于各种各样的原因,有的照片总是不太令人满意,需要通过人为修复,该如何操作呢?

任务分析

使用修复工具修复照片时,可根据修复需求使用不同的修复工具。通过结合使用不同的修复工具进行修复,以使图像的修复效果更加自然。

一、认识修补工具、仿制图章工具

修补工具：通过创建选区并以指定的形式仿制或修补选区图像，并将样本像素中的纹理、光照和阴影等属性与源像素相匹配。

仿制图章工具：通过取样样本并绘制的方式，复制一个图像至另一个图层、图像区域或打开的图像文件中，从而仿制图像效果，或修复图像中不理想的区域。

二、操作实例

这里我们以一个实例，来了解 Photoshop 软件修复照片的功能吧。

（1）启动 Photoshop 软件，打开素材图片。单击"创建新的填充或调整图层"按钮，应用"亮度/对比度"命令，如图 3‐32 所示。

图 3‐32 亮度和对比度

（2）按下快捷键 Shift＋Ctrl＋Alt＋E 盖印图层，生成"图层 1"，如图 3‐33 所示。

（3）单击修补工具  ，在画面中的区域创建一个选区，如图 3‐34 所示。

图 3‐33 生成图层 　图 3‐34 创建选区

（4）向右拖动选区至右侧的天空部分，以修补选区。继续向右拖动选区至右侧的部分，以修补选区。还可以拖动选区至其他天空部分，继续修补图像，按下快捷键Ctrl＋D取消选区，如图3－35所示。

（5）继续使用修补工具 ▦ 在画面中的小船部分创建选区，如图3－36所示。

（6）向下拖动选区至下侧的部分，以去除选区内的小船图像，如图3－37所示。

（7）单击仿制图章工具 ♟，设置"不透明度"为40％，单击取样。释放 Alt 键后在未修复的多余图像区域多次涂抹，以去除这些图像，如图3－38所示。

图3－35　修补图像　　　　图3－36　选中小船　　　　图3－37　去除小船

图3－38　修复效果

通过比较，我们可以发现使用修复工具可以对照片中的缺陷、瑕疵等进行修复，从而得到精美的照片效果。

（8）点击"文件"菜单，存储为"图像修复"，选择 jpg 格式图片。

知识链接

使用其他工具创建修补区域。使用修补工具修复图像时，须创建一个选区，用于修复或仿制选区内的图像。除可以使用修补工具创建选区外，也可以使用其他工具创建选区。例如使用矩形选框工具、椭圆选框工具和套索工具等创建选区，然后再使用修补工具拖动选区以修复图像，从而使得图像的修补形式更加多元化。

任务拓展

我们在日常生活中经常用手机进行自拍，过后会发现很多不如人意的地方，比如衣服上有污渍，脸上有斑点等。我们可以使用多种修复工具进行修复，比如污点修复画笔工具、修复画笔工具，以还原照片图像细节。

任务 3
图像抠取与合成

任务描述

月月在学习图像处理过程中，突发奇想，能不能把几张照片集合在一起，一张照片上只保留自己想要的内容呢？

视频 3-5　抠图

任务分析

Photoshop 软件可以对多张照片图像进行简易合成处理，也可以只截取一张照片中的一部分内容。

任务实施

一、图像抠取与合成

在对多张照片图像进行简易合成处理时，可使用选区工具，结合填充选区的操作来绘制一些较为规则的块面，使整体在画面上形成一定的区域间隔，划分出明显的版块。制作数码影集效果就是这一方面运用中较为典型的案例。

二、操作实例

这里我们通过制作一个数码影集，来了解 Photoshop 是如何来实现抠取与合成的。

（1）启动 Photoshop 软件，打开素材图片。单击矩形选框工具，在图像边缘部分单击并拖动鼠标，绘制矩形选区，并按下快捷键 Ctrl+Shift+I，反选选区。如图 3-39

所示。

图 3-39　选取素材

（2）新建"图层 1"，在默认前、背景色的情况下，按下快捷键 Alt＋Delete，填充选区为黑色，并设置"不透明度"为 50％，形成半透明框，如图 3-40 所示。

图 3-40　填充选区

（3）继续使用矩形选框工具 ，在图像中左侧区域单击并拖动鼠标绘制选区，如图 3-41 所示。

图 3-41　绘制选区

（4）新建"图层 2"，填充选区为黑色，并设置"不透明度"为 70％，形成半透明区域。绘制好后使用快捷键 Ctrl＋D，取消选区，如图 3-42 所示。

图 3-42　新建图层 2

（5）新建"图层 3"，利用画笔工具，选择方头工具，"大小"设置为 106，"角度"设置为－90，"圆度"设置为 44％，"间距"设置为 134，"透明度"设置为 70％，前景色设置为白色，按住 Shift 键在选区框里绘制矩形，如图 3-43 所示。

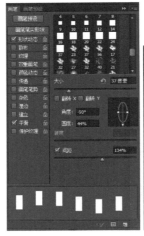

图 3-43　新建图层 3

（6）选择"图层 3"，按住 Alt 键复制到右侧，复制副本图层形成电影胶片左右的边缘效果，如图 3-44 所示。

图 3-44　胶片效果

（7）另选素材图片，单击移动工具 ，将图像文件移动到当前图像中，生成"图层

4",并按下快捷键 Ctrl+T,调整图像大小和位置,如图 3-45 所示。

图 3-45　新建图层 4

（8）打开图 3-46 素材,分别生成相应的"图层 5"、"图层 6",并调整大小和位置,使其并排位于图像右侧区域,形成影集效果,如图 3-46 所示。

图 3-46　新建图层 5、6

（9）按住 Ctrl 键的同时选择"图层 4"到"图层 6"中间的所有图层,并在图层面板中统一设置"不透明度"为 80%,如图 3-47 所示。

图 3-47　设置图层 4、6

（10）按下快捷键 Shift+Ctrl+Alt+E 盖印图层,生成"图层 7",设置混合模式为"柔光",增强效果,如图 3-48 所示。

图 3-48 增强效果

（11）点击"文件"菜单，存储为"图片的抠取与合成"，选择 jpg 格式图片。

知识链接

移动选区中的图像。在对选区进行编辑时，除了能移动选区外，还能移动选区中的图像。其操作方法是创建选区后，单击移动工具 ，此时将光标移动到选区内或边缘处，当其变为 形状时，单击并拖动鼠标即可移动选区内的图像，移动后的区域自动以背景色进行填充。

任务拓展

反选选区是指快速选择当前选区外的其他图像区域，而当前选区将不再被选择，按下快捷键 Ctrl＋Shift＋I 即可反选选区。

任务 4
滤镜特效

视频 3-6　滤镜特效

任务描述

月月热衷于图片处理技术，随着操作技术越来越熟练，她很想进一步提高照片效果,增强画面特殊质感效果,使图片更有画面感。

任务分析

制作照片阴雨绵绵的效果,可首先调整画面整体阴郁色调,以便在添加阴雨效果后其氛围更加浓郁。在制作阴雨图像时,可结合"点状化"滤镜和"动感模糊"滤镜制作细雨效果。

任务实施

一、认识滤镜

滤镜:滤镜主要是用来实现图像的各种特殊效果。它在 Photoshop 中具有非常神奇的作用。所有的 Photoshop 都按分类放置在菜单中,使用时只需要从该菜单中执行相应命令即可。

二、操作实例

这里我们利用滤镜技术,给照片添加细雨效果,体验一下 Photoshop 软件的特效。

(1)启动 Photoshop 软件,打开素材图像文件,并单击"创建新的填充或调整图层"按钮,在弹出的菜单中选取"通道混合器"命令,并分别设置相应参数,以调整画面阴郁色调,如图 3 - 49 所示。

(2)按下 D 键恢复当前前景色和背景色分别为黑色和白色,然后新建"图层 1",并填充其颜色为黑色,如图 3 - 50 所示。

图 3 - 49　调整色调

图 3 - 50　新建图层

（3）执行"滤镜/像素化/点状化"命令，在弹出的对话框中设置参数为15，并单击"确定"按钮。执行"滤镜/模糊/动感模糊"命令，并在弹出的对话框中设置参数并应用设置，以制作细雨效果，如图3-51所示。

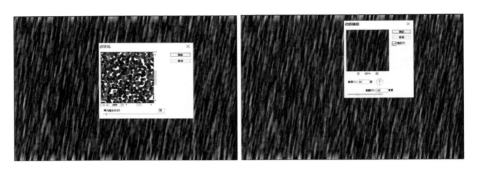

图3-51 设置滤镜参数

（4）设置"图层1"混合模式为"柔光"，"不透明度"为80%，将制作的细雨图像应用到背景中，如图3-52所示。

（5）按下快捷键Shift+Ctrl+Alt+E盖印图层，生成"图层2"。并设置其混合模式为"滤色"，"不透明度"为20%，以增强画面阴雨效果，如图3-53所示。

图3-52 添加滤镜

图3-53 新建图层2

（6）点击"文件"菜单，存储为"照片细雨"，选择jpg格式图片。

知识链接

"点状化"滤镜将图像中的颜色分解为随机的彩色小点，并在点与点之间使用当前颜色设置的背景色进行填充。在应用该滤镜之前，须确保当前图层不能为完全透明像素图层,应用点状化效果的图层图像可以是彩色图像,也可以是纯色填充的图像。

在应用"点状化"滤镜前,须确定当前背景颜色,以便在应用该滤镜时确保图像的色调效果。

任务拓展

"马赛克"滤镜收录在"像素化"滤镜组中,可以将图像分解成许多规则排列的小方块,实现图像的网格化,每个网格中的像素均使用本网格内的平均颜色填充,从而产生类似马赛克般的效果。

"添加杂色"滤镜收录在"杂色"滤镜组中,能通过为图像增加一些细小的像素颗粒,使这些干扰粒子混合到图像中的同时产生色散效果。而"动感模糊"滤镜模仿拍摄运动物体的手法,通过对某一方向上的像素进行线性位移产生运动模糊效果。

使用"染色玻璃"滤镜能将图像中的像素分割为不同色彩且大小不一的色块,从而让图像形成一种特殊的视觉效果。

任务 5
综合实践——晾晒效果

视频 3-7　晾晒效果

任务描述

月月喜欢出去旅游,总是拍下许多照片,怎样将这些照片进行合成,制作出独一无二的效果呢?

任务分析

晾晒效果是比较常见的合成效果,可以使用不同的图像进行合成,通过明暗效果的调整,图形的添加,制作出具有不同风格的照片。

一、绘制图形

对图像进行调整，利用形状工具绘制图形，在图像上添加文字。

混合模式：可以用不同的方法将对象颜色与底层对象的颜色混合。

色阶：指用直方图描述的整张图片的明暗信息，给图像纠正偏色，曝光过度和曝光不足，光线朦胧模糊等缺陷。

钢笔工具：钢笔工具用于绘制复杂或不规则的形状或曲线路径。

形状工具：利用形状工具能快速绘制一些基本的、常用的路径，在一定程度上节省路径的绘制时间，提高图形的绘制速度，也进一步提高工作效率。

添加照片文字：为照片添加文字能在一定程度上丰富照片的布局，并在内容上与照片主题更好结合，突出想要表达的思想或情怀，使用文字工具及其他功能为图像添加文字效果。

二、操作实例

（1）启动 Photoshop 软件，打开素材图片综合实例 1.jpg、综合实例 2.jpg、综合实例 3.jpg、综合实例 4.jpg、发光线条.png，如图 3-54 所示。

（2）复制背景图片得到"背景副本"，设置混合模式为"滤色"，"不透明度"为 50%，如图 3-55 所示。

图 3-54　打开素材　　　　　　　图 3-55　混合模式

（3）添加"色阶 1"调整图层，在其面板中拖动滑板设置参数，如图 3-56 所示。

（4）此时可以看到，经过色阶的调整，图像整体亮了起来。按下快捷键 Ctrl＋Shift＋Alt＋E，盖印得到"图层 1"，设置混合模式为"柔光"，"不透明度"为 50%，如图 3-57 所示。

（5）单击钢笔工具，绘制具有弧度且贯通整个图像的路径，如图 3-58 所示。

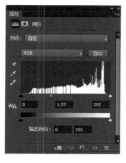
图 3-56 色阶

图 3-57 色阶效果

图 3-58 钢笔工具

（6）新建"图层 2"，单击画笔工具 ，设置画笔大小和硬度，调整颜色为白色，打开"描边路径"对话框，设置工具为"画笔"，完成后点击"确定"按钮，描边路径，形成白色的线条。可进行多次"描边路径"，使线条颜色更加明显，如图 3-59 所示。

图 3-59 描边路径

（7）双击"图层 2"，添加"投影"图层样式，调整颜色为绿色（R11、G12、B117），如图 3-60 所示。

（8）在"图层样式"对话框中勾选"斜面和浮雕"、"等高线"和"纹理"复选框，分别设置参数后，调整阴影模式颜色为蓝绿色（R0、G168、B185），等高线样式为"箭尾 2"，完成设置后单击"确定"按钮，为白色的线条添加一定的立体效果，如图 3-61 所示。

图 3-60 投影

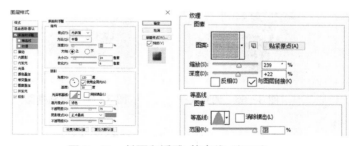
图 3-61 斜面和浮雕、等高线、纹理路

（9）将综合实例 1.jpg 图片，移动到当前图像文件中生成"图层 3"，Ctrl＋T 变形工具，调整图像大小和位置，如图 3-62 所示。

（10）把其余图像文件，移动到当前图像文件中，生成相应的图层，调整大小和位置，形成晾晒效果，如图3-63所示。

（11）单击钢笔工具，在图像中绘制夹子形状的路径。按下快捷键Ctrl＋Enter，将路径转换为选区。新建"图层7"，填充选区为橙色（R250、G158、B83），Ctrl＋D取消选区，如图3-64所示。

图3-62　变形工具　　　　　　图3-63　变形晾晒　　　　　　图3-64　绘制夹子路径

（12）复制得到副本图层，置于"图层7"的下方，调整图像颜色为褐色（R174、G91、B23），Ctrl＋T变形工具，调整夹子的位置及大小，如图3-65所示。

（13）新建"图层8"，单击椭圆选框工具██，绘制椭圆选区，填充选区为黑色，点击油漆桶工具██倒入，完成夹子的绘制，Ctrl＋D取消选区，如图3-66所示。

（14）在"图层"面板中按住Shift键选择图层7、图层7副本、图层8点击右键合并图层，得到图层8，调整其在图像中的位置，复制图层8，使每一幅图像对应一个夹子图像，为晾晒图像添加夹子图像，如图3-67所示。

图3-65　调整夹子　　　　　　图3-66　绘制椭圆　　　　　　图3-67　复制夹子

（15）在"图层"面板中隐藏"图层2"下方的所有图层，按下快捷键Ctrl＋Shift＋Alt＋E，盖印得到"图层9"，此时可按住Ctrl键的同时单击"图层9"缩览图，载入该图层选区，如图3-68所示。

（16）执行"选择/修改/扩展"命令，扩展选区，并适当羽化选区，如图3-69所示。

（17）在"图层9"下方新建"图层10"，设置渐变样式为"绿色、红色、蓝色"，绘制渐变，在图像上从左往右拉添加渐变颜色，Ctrl＋D取消选区，如图3-70所示。

图3-68 盖印图层

图3-69 扩展和羽化

图3-70 绘制渐变

（18）使用自定形状工具▨绘制白色的心形图案，得到"形状1"，复制得到多个图案，调整图形的位置和大小，按住Shift键选择所有形状图层，点击右键合并图层，得到"形状1副本2"，设置混合模式为"柔光"，让效果更自然，如图3-71所示。

图3-71 绘图工具

（19）打开"发光线条"文件，移动到当前图像中生成"图层11"，复制得到副本图层丰富画面效果。按下快捷键Ctrl＋Shift＋Alt＋E，盖印得到"图层12"，设置混合模式为"柔光"，提升图像效果，如图3-72所示。

（20）单击横排文字工具T，在"字符"面板中设置文字样式，字体大小为200点，调整颜色为白色，输入文字。单击"创建文字变形"按钮，在弹出的对话框中设置参数，单击"确定"按钮，变形文字效果并保存，如图3-73所示。

图3-72 混合模式

图3-73 添加文字

Photoshop 中的绘画工具包含画笔工具、铅笔工具、颜色替换工具、混合器画笔工具,收录在画笔工具组中,这些工具在模拟真实绘画工具的基础上,对不同的绘制工具添加不同的应用特效。

任务拓展

生活中普通的人物照片经过处理也可以变身为耀眼的明星照效果,选择一张具有特定角度和姿势的普通照片,通过一定的调整将其处理为具有明显风范的照片效果。

项目实践

结合一些滤镜或命令,你还可以为图像添加哪些特殊质感效果,如"马赛克"、"添加杂色"、"动感模糊"、"染色玻璃"滤镜等,使用这些滤镜效果赋予照片更多的特效,利用自己拍摄的照片快来试试吧。

项目评价

	测评项目	学生自评		
		完全理解	比较了解	有待了解
任务1	制作证件照			
任务2	图像修复			
任务3	图片的抠取与合成			
任务4	滤镜特效			
任务5	综合实践——晾晒效果			
小组评价	作品互评	☐ 良好　　☐ 一般		
教师评价	综合课堂效果和综合实践项目	☐ 已掌握　　☐ 进一步学习		

模块四
音频剪辑与实例

  本模块首先介绍了声音和数字音频的基本概念和特点，声音的基本参数和数字音频的格式种类，音频编辑和处理的常用方法，然后通过实际任务，使学生学会使用音频录制和编辑软件(Audition CC2020)。按照音频的获取、音频的降噪、编辑合成这条主线，学生通过使用 Audition CC2020 软件，完成"录制'自我介绍'音频"、"制作伴奏"、"录制歌声"和"编辑音频" 四个任务。通过本模块的学习，学生能掌握创建音乐，录制、编辑、合成各种声音文件的方法，同时可以具备制作和整理电影的音频等基本技能。

项目一
音频剪辑基础

学习目标

- 了解音频基础知识。
- 掌握 Audition 软件的基本方法。

任务 1
认识声音

任务描述

　　学习数字音频制作,有必要提前了解声音和数字音频的原理,才能有的放矢地进行有效的音频数字化处理。

任务分析

　　认识声音,主要学习声音的概念、特征和常见格式。

任务实施

一、声音的基本概念

1. 声音的定义

　　声音是由物体振动产生,任何物体由静态到动态的转变后,都会使人听到声音,而正在发出声音的物体就是声源,声音以波的形式传播,声音是声波通过任何物质传播形成的运动。

2. 声音与波形图

声音是一种看不见摸不着的东西,主要通过空气传播。声波振动内耳的听小骨,这些振动被转化为微小的电子脑波,就是我们察觉到的声音。

声音的音波有高有低,有快有慢。在声音的属性中,主要通过声音的频率和振幅来表示音波的属性。声音的频率高低与声音的音高、音低对应,振幅大小与声音的大小对应。

3. 声音的基本参数

(1)振幅:波的高低幅度,表示声音的强弱。

(2)周期:两个相邻波之间的时间间隔。

(3)频率:波在每秒振动的次数,以赫兹(Hz)为单位。

4. 声音的特性

(1)响度:人主观上感觉声音的大小(俗称音量),由振幅和人离声源的距离决定,振幅越大响度越大,人和声源的距离越小,响度越大。响度以分贝(dB)为单位。

(2)音调:声音的高低由频率(单位时间内完成振动度的次数)决定。物体振动得快,发出声音的音调就高。振动得慢,发出声音的音调就低。一般人的耳朵可以听到的声音频率范围为 $20\sim20\,000\,Hz$,某些动物的耳朵可以听到高达 $170\,000\,Hz$ 的声音,海里某些动物还可以听到 $15\sim35\,Hz$ 范围内的小声音。

(3)音色:又称音品,波形决定了声音的音色。声音因不同物体材料的特性而具有不同特性,音色本身是一种抽象的东西,但波形是将音色进行直观的表现。音色不同,波形则不同。典型的音色波形有方波、锯齿波、正弦波、脉冲波等,不同的音色,通过波形是完全可以分辨的。

(4)乐音:有规则的、让人愉悦的声音。噪音:从物理学的角度看,由发声体作无规则振动时发出的声音;从环境保护角度看,凡是干扰到人们正常学习、工作和休息的声音,以及对人们要听的声音起到干扰作用的声音。

二、数字音频的基本概念

1. 数字音频的特征

自然界的声音是模拟信号,计算机等数字系统无法直接保存和播放,需要通过模拟数字转换设备将模拟信号转换为计算机可以识别的 0 和 1,这个设备就是声卡。

由于日常生活环境中充斥着各种各样的声音,为了采集到尽可能干净和响亮的声音,我们通常需要一个拾音设备来为计算机提供经过过滤和放大的模拟信号源,这个设备就是麦克风。一个优质的麦克风通常能为我们的录音带来事半功倍的效果。

计算机采集声音的过程中会涉及几个重要的参数:采样率、采样位数、声道数。

采样率:在 1 秒内采样的次数,单位是赫兹(Hz),常见的是 $44.1\,kHz$、$48\,kHz$。

采样位数:每次采集所得到的数据长度,单位是比特(bit),常见的是 8 bit、16 bit 等。

声道数:一般为单声道或者双声道(立体声),普通麦克风采集到的几乎都是单声道的声音。

2. 数字音频文件的常见格式

计算机采集到的数字声音信号,通常需要保存为文件,便于编辑,回话和传播。在众多声音文件的格式中,为大多数人熟知并普遍使用的有以下几种:

(1) CD。

CD 格式是音质较高的音频格式,标准 CD 的采样率为 44.1 kHz,位数为 16bit,通常以光盘的形式保存,使用 CD 播放器或者置于计算机的光驱来播放。

(2) WAVE。

WAVE 是微软公司开发的一种声音文件,通常文件扩展名为 WAV,用于在 Windows 平台上保存音频信息。标准格式的 WAVE 文件和 CD 格式一样,采样率是 44.1 kHz,位数是 16bit。目前,几乎所有的音频编辑软件都能识别和编辑这种格式。

(3) MP3。

WAVE 文件虽然音质较高,但是由它所保存的音频文件通常都是体积巨大,不便于保存较长的录音,也不利于在互联网上传播。MP3 格式可以提供非常巨大的压缩率(这是一种对音质有损失的压缩算法),同时可以保证相对较好的音质。从它诞生之初的 20 世纪 80 年代至今,依然非常流行。

(4) FLAC。

用 MP3 格式来保存音频,会对声音的质量有影响,需要另外一种压缩音频文件的格式,能够保持声音原有的质量,FLAC 格式应运而生。FLAC 能够将 WAVE 文件的体积压缩到原有体积的一半,并保留了音频的原始资料。

📖 知识链接

要制作数字音频,首先要有声音素材,一般来源有很多,常见的声音来源有以下内容:

(1) 自然界人、动物、各种活动和使用工具过程中发出的声音。

(2) 通过二次创造,表达特定思想感情的声音,即音乐。

✍ 任务拓展

尝试通过网络下载各种声音素材,仔细体会其中的音效和美感。

任务 2
录制"自我介绍"音频

任务描述

　　学校要举行线上校园十大歌手比赛,初赛需要提交自己的唱歌音频。萍萍非常想通过这个机会展现自己的才艺,同时希望寻找一款实用的音频软件,能够完美地表现自己的歌喉。

视频 4 - 1
录制自我介绍

任务分析

　　音频处理软件有很多,如 Adobe 公司的 Audition 软件,就能方便灵活地进行声音编辑和处理。

任务实施

一、认识 Adobe Audition 软件

　　Adobe 公司的 Audition 软件既有专业软件的全方位功能,又比其他专业软件更容易掌握。Adobe Audition CC2020 新增导入音频文件及浏览媒体功能并创建、混合、编辑和复原音频内容的多轨、波形和光谱显示功能,最高支持混合 128 个声道,并可以对单个音频文件进行编辑,界面如图 4 - 1 所示。

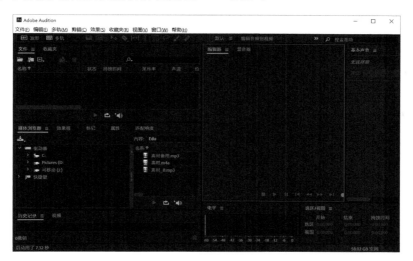

图 4 - 1　Audition CC2020 操作界面

Audition 的基本界面布局根据不同的任务分为波形和多轨两种,可以使用左上角的"波形"和"多轨"进行快速切换。

1. "波形"布局

"波形"布局,用于编辑单个音频文件,如图 4 - 2 所示。

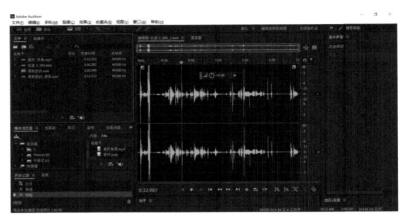

图 4 - 2　波形布局界面

波形布局一般包含几个部分:文件面板,媒体浏览器,历史记录,编辑器。基本声音在多音轨中较有用处。

(1)文件面板中会显示已经导入的音频文件,可通过选择不同的音频文件快速切换不同的音频进行编辑。

(2)音频文件的导入可通过菜单,文件面板和媒体浏览器,当然,也可以通过鼠标拖拽音频文件放入文件面板和编辑器区域来完成。

(3)历史记录中会列出对音频文件的操作历史,方便用户快速回退或者前进到某一步已经完成的操作。

(4)编辑器区域显示当前选中的音频文件的波形,示例中看到两条绿色的波形,这是一个双声道的立体声音频文件。

2. "多轨"布局

"多轨"布局,用于多个音频的混音等操作,如图 4 - 3 所示。

此时,右侧的基本声音面板会有不同的功能,可以对音频进行分类,修复和优化等操作。

二、录制"自我介绍"

1. 新建空白音频

(1)新建单轨音频文件。

新建空白音频文件是指在 Audition 工作界面中新建一个全新、没有任何音频信

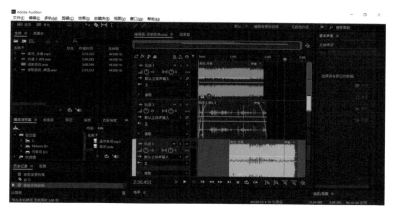

图4-3　多轨布局界面

息的新文件。在该新建文件中我们可以导入外部的音频文件到新文件中,也可以在新文件中录制需要的歌曲或语音旁白。

　　我们通过新建空白音频文件,用于之后的录音,这里介绍两种方法。

　　方法一:打开 Adobe Audition 软件,出现工作界面,点击左上角选择"文件"按钮,出现菜单,选择"新建",选择音频文件(单轨音频),如图4-4所示。

　　方法二:通过面板新建空白音频文件。在"文件"面板中,单击面板上方的"新建文件"按钮,在弹出的列表框中选择"新建音频文件"选项,如图4-5所示,也可以快速新建音频文件。

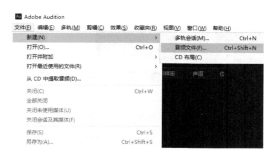

图4-4　方法一新建音频

图4-5　方法二新建音频

　　在新建音频文件对话框中,进行采样率、声道和位深度的选择,确定后即可新建空白的音频文件,如图4-6所示。

　　采样率选择:采样率越高精度越高,细节表现也就越丰富,相对文件也就越大,这里我们选择常用的 44 100 Hz。

　　声道选择:单击声道右侧的下拉按钮,选择声道的类型,包括 5.1、单声道、立体声等。

　　位深度一般选择为 16 位。

图 4-6 单轨音频参数选择

（2）新建多轨音频。

利用图 4-3 的方法，选择"多轨会话"就创建了多轨音频。多轨音频适用将多个声音文件进行合成编辑。

在接下来的新建多轨会话对话框里面，需要输入会话名称；指定文件夹位置；选择采样率，这里一般采用 44 100 Hz，即 44.1 kHz；选择位深度，这里选择 16 位；主控选择默认的立体声，如图 4-7 所示。

图 4-7 多轨音频参数选择

2. 录制"自我介绍"音频

（1）打开空白单轨音频文件的编辑器，如图 4-8 所示，点击"编辑器"窗口下方红色"录制按钮"，开始进行一段简单的自我介绍录制过程。

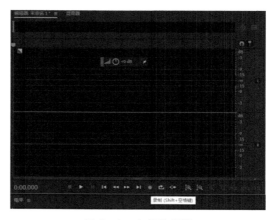

图 4-8 音频编辑器

（2）在点击按钮开始录音后，录音的过程中"编辑器"窗口会显示录音的音波，如图4-9所示。

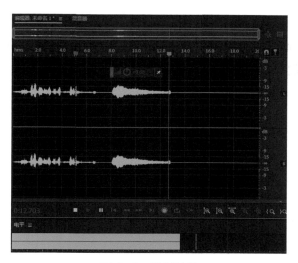

图4-9　录制过程

（3）完成录制后，点击"停止"按钮，即可停止录音。

（4）在完成录制后，对音频文件进行保存。点击"文件"、"保存"，弹出"另存为"对话框，为自己的录音输入文件名，单击"浏览"按钮，弹出"另存为"对话框，在其中设置音频文件的保存位置，如图4-10所示。

一个简单的数字音频就录制完成了！

图4-10　保存文件

![知识链接]

GoldWave是一个功能强大的数字音乐编辑器，是一个集声音编辑、播放、录制和

转换的音频工具。它还可以对音频内容进行转换格式等处理。

要想录制出高质量的声音,除了使用软件进行优化处理,录制硬件和环境也非常重要。可以尝试适用不同的麦克风或者在不同的环境下,进行录制,然后体会不同的音质效果。

⚙ **项目实践**

在基本了解进行操作,尝试在多轨音频编辑器中同时打开两个音频文件。基本方法是新建一个多轨音频,然后通过文件/导入,打开 2 个音频文件,分别放置声轨 1 和声轨 2,通过走带/播放,试听两个轨道的声音。

💬 **项目评价**

	测评项目	学生自评		
		完全理解	比较了解	有待了解
任务 1	认识声音			
任务 2	录制"自我介绍"音频			
小组评价	作品互评	☐ 良好　☐ 一般		
教师评价	综合课堂效果	☐ 已掌握　☐ 进一步学习		

项目二
音频剪辑实例

学习目标

- 了解编辑音频的常用方法。
- 掌握 Audition 软件的降噪、编辑音频效果的基本方法。

任务 1
制作伴奏

视频 4-2　去除人声

任务描述

　　萍萍决定参加比赛后,可录制歌曲前,需要制作伴奏带,她找到了歌声原唱的音频,但如何去除歌手声音,保留背景音乐呢?

任务分析

　　使用 Adobe Audition 软件就可以实现萍萍的目标,达到去除人声、并进行混音和剪辑,生成一份精美的伴奏带。

一、导入素材

在挑选完比赛用的歌曲之后，需要把歌曲中的原声抹除，生成伴奏用的音频文件。打开 Audition 软件，在文件菜单中导入选好的歌曲文件，如图 4 - 11 所示。

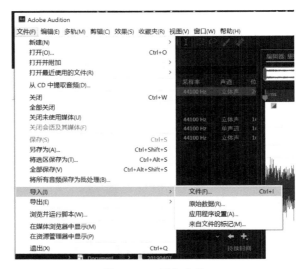

图 4 - 11　导入文件

二、去除人声

在编辑器区域，双击选中整个波形，整个编辑区域显示白色。下拉"收藏夹"菜单，选择"移除人声"，并等待任务完成，如图 4 - 12 所示。

图 4 - 12　去除人声

三、撤销和重做

使用编辑器下部的播放控制条,以及编辑菜单的"撤销"和"重做",可一边播放一边对比移除人声的效果,如图 4-13 所示。

图 4-13　撤销和重做

四、生成伴奏

将完成的音频通过文件的"另存为"保存为伴奏音频,如图 4-14 所示。

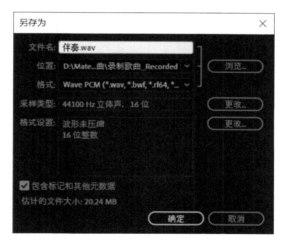

图 4-14　生成伴奏

 **知识链接**

对于导入轨道的音频文件,可以通过直接拖动轨道中音频,来精确定位到具体播放时的时间点。在时间标尺,通过单击鼠标可以确定播放点或者结合使用拆分快捷菜单来进行音频的分割等操作。

根据知识链接中的方法，对于导入轨道的音频尝试进行拆分或者移动等操作，从而熟悉软件的使用。

任务 2
录 制 歌 声

视频 4-3　录制歌声

📋 **任务描述**

萍萍完成了伴奏音频后，需要进行参赛音频录制，即真正要录制自己的声音了。

📈 **任务分析**

使用 Adobe Audition 软件对音频进行编辑和处理，生成音频文件，其中我们将使用 Audition 软件中的录制、混音和剪辑功能。

📖 **任务实施**

一、环境和设备准备

（1）如果计算机系统为外置音箱，为防止将音乐录制到自己唱歌的声道，请暂时将计算机的声音输出到耳机。

（2）请尽量保证一个相对安静的录音环境，良好的录音环境可大大节省音频的后期制作时间，并提升歌曲的效果。

（3）麦克风请选择一个固定的位置,录音途中嘴巴和麦克风的距离尽量保持不变。

二、导入伴奏

（1）在文件菜单中,选择新建,打开多轨合成对话框,在对话框中输入相应参数,点击确定。

（2）将伴奏音频拖放到编辑器的轨道1,如图4-15所示。

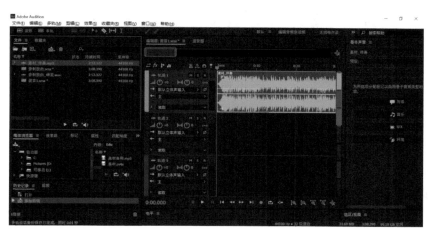

图4-15　导入伴奏

三、录制唱歌

（1）在编辑器界面的轨道2上,单击"R"的录制准备,使R的底色变为红色,如图4-16所示。

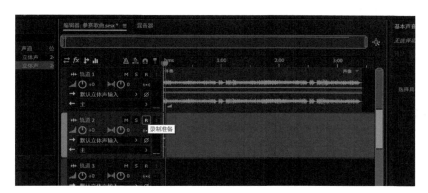

图4-16　录制准备

（2）此时，对着麦克风做说话测试，可看到右边的绿色电平在起伏，说明录音设备已经正常工作，如图 4 - 17 所示。

图 4 - 17　轨道 2 面板

（3）准备就绪后，便可正式开始录音。点击编辑器下部的播放控制条上红色的录音按钮，录音正式开始，可看到编辑区域，红线在向前走动，轨道 1 的伴奏在耳机中可以听到，此时，伴随着歌曲的旋律，完成歌唱。

（4）当完成之后，再次点击播放控制条上的红色录音按钮，录音就会终止，同时，在文件面板中，将生成名为"轨道 2"开头的一个 WAV 文件，这个是由麦克风录制的歌唱音频。

知识链接

Adobe Audition 的效果菜单中包含了很多自动进行音频处理的方法，在实际使用过程中，需要根据需求进行选用，最终达到音频处理的目的。同时收藏夹菜单也有一个非常实用的作用，将你常用的效果器放在那里，使你能快捷地打开收藏夹，迅速找到你常用的效果器。

任务拓展

自行尝试使用效果菜单中的自动化处理命令，对原有音频进行不同效果的设置和比较其中的区别，为后续学习打下基础。

任务 3
编辑音频

视频 4 - 4　编辑音频和导出

任务描述

　　萍萍完成了自己的演唱音频后想要去除一些噪音,并且希望做一些效果,该如何使用 Adobe Audition 软件进行操作呢? Audition 有哪些音频编辑功能呢?

任务分析

　　使用 Adobe Audition 软件对多轨音频进行编辑和处理,生成最终音频文件,需要使用 Audition 软件中的混音和编辑功能。

任务实施

一、音频编辑的内容

　　狭义的音频编辑主要指通过对声音添加各种特效,如混音、音量和淡入淡出等,最终达到声音处理的效果。

　　广义的音频编辑包括各种音频格式的转换和音频内容拼接和剪辑。

二、音频编辑的方法

1. 降噪

　　由于房间内空调,电脑等设备的运转,生成的录音文件中可能会将这些设备工作的杂音记录成为背景噪音,通常会听到细微的嗡嗡声,为此,需要对生成的文件进行降噪。

（1）在文件面板中选择"轨道2"音频文件，此时编辑器界面打开了刚才录制的歌唱声音波形。通过下方的播放控制条试听。

（2）通过编辑器上部的导航控制条可以放大、缩小和移动需要试听的音频范围。

（3）请试着找寻一段没有歌声，只有背景杂音的波形。

（4）找到之后，按住鼠标左键左右滑动选择这一段噪音波形，如图4-18所示。

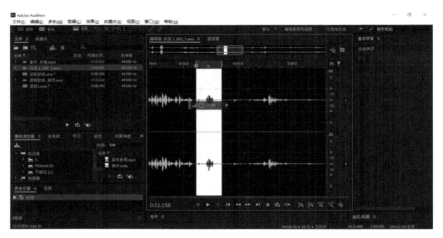

图4-18　定位噪音波形

（5）选择"效果"菜单的"降噪/恢复"的"捕捉噪声样本"，或者使用快捷键 Shift＋P 将选中的噪声记录下来，点击确定，关闭弹出的对话框，如图4-19所示。

图4-19　捕捉噪声

（6）为了从整个歌曲中将这种噪音消去，此时双击波形或者使用快捷键Ctrl＋A，全选整个歌曲波形。

（7）选择"效果"菜单的"降噪/恢复"的"降噪处理"，或者使用快捷键 Ctrl＋Shift＋P，打开"效果-降噪"对话框，如图4-20所示。

（8）由于刚才我们已经记录噪声样本，所以此处不需要做任何调整，点击应用，关闭对话框，此时，波形上的噪声部分已经被消去。可通过播放控制条和导航条来试听消除的结果。

（9）由于可能存在不同的噪声，可通过反复执行降噪过程并试听，达到一个理想的结果。

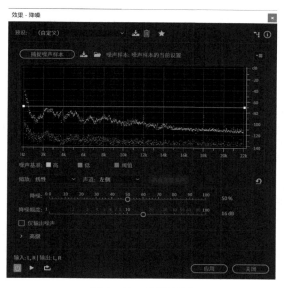

图 4‑20   降噪效果

2. 音量调整

现实中,经常出现录制的歌声,在计算机的正常音量下回放的时候,音量太小的情况。这时,可以通过以下的方法进行调整。

(1)音量大小的调整是通过修改波形的振幅来完成。

(2)在调整音量大小以前,请确保计算机的音量在一个合理的范围之内,防止完成的结果在其他计算机和播放设备上音量过大或者过小。

(3)在编辑器中全选"轨道 2"的波形。

(4)选择"效果"菜单的"振幅与压限"的"增幅",打开"效果‑增幅"对话框,如图4‑21 所示。

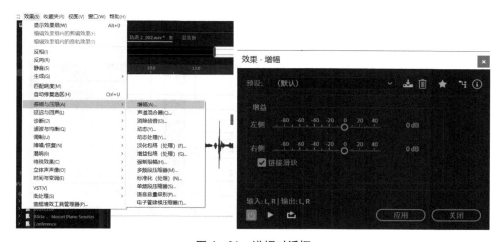

图 4‑21   增幅对话框

（5）此处虽然叫做"增幅"，但是根据调整的"增益"的正负，可完成放大或者缩小音量。比如输入10 db 就是放大10分贝；输入－10 db 就是缩小10分贝，如图4-22所示。

图4-22　调减增幅

（6）可通过下拉"预设"中的选项来快速选择。一般10 db 是个非常巨大的音量变化。点击应用可完成设置的放大或者缩小幅度。可从波形上看到波形变高，表示音量变大，波形变矮，表示音量变小。建议通过小幅改动并试听来达到最终满意的效果。

3. 混音

为了将歌声和伴奏合成为最终的参赛音频，需要通过混音将在两个音轨上的音频混合后，输出最终的声音。

（1）在歌曲完成降噪之后，点击文件面板上方的"多轨"返回混音界面。

（2）此时可以通过播放控制条的播放来试听歌曲的最终效果。

（3）如果伴奏部分音量太大或者太小，可双击伴奏所在的轨道1返回波形界面调整音量；或者运用更为简便的方法：将鼠标移到如图4-23红圈所处的三角形区域，当鼠标变成手形时，按住左键左右或者上下移动，均可快速调整音量大小，如图4-23所示。

图4-23　混音输出

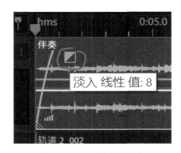

图4-24　淡入淡出

4. 淡入淡出

如果想使某个轨道有淡入和淡出的效果，那可在剪辑菜单的淡入淡出中增加；或者更为简便的方法，将鼠标移动到轨道开始或者结束附近的小方块，按住左键进行左右拖拽来完成相应的淡入淡出效果，如图 4-24 中红圈所示的方块。

5. 剪辑

当遇上所录的歌曲和伴奏长度不同；录音最后有一段不需要的部分；歌曲唱了两遍，一遍前半部分杂音过于明显，另一遍后半部分杂音过于明显，使用降噪的效果不佳，又无法重新录制等情况，我们需要对音频进行分割，删除和拼接等操作。

（1）删除音频片段。

打开音频的波形，选择需要删除的部分，按 Delete 键，即可删除此段音频。

（2）删除音轨片段。

在多轨界面，选择工具条上的切断工具，此时鼠标变成刀片的形状，如图 4-25 所示。

图 4-25　切断工具

在需要裁剪的音轨位置点击鼠标左键，音轨在此处被截为两段，如图 4-26 所示。

重新把鼠标换回移动工具，如图 4-27 所示。

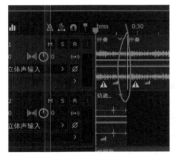

图 4-26　裁剪音轨　　　　　　　　　图 4-27　返回移动工具

选中不需要的那一段音频，按 Delete 键删除，如图 4-28 所示。

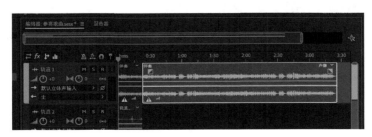

图 4-28　删除音频

6. 拼接音频

（1）在完成降噪等前期操作之后，为确保拼接后两段歌声没有太大的音量出入，可使用匹配响度功能对这两段歌声进行响度匹配。

在效果菜单中选择响度匹配，在媒体浏览器面板会打开匹配响度面板，如图 4 - 29 所示。

将需要匹配的两段歌曲拖入其中，按面板下方的运行按钮完成匹配。如果两者响度相关较大，可观察到相应音轨的波形振幅发生变化。

图 4 - 29　响度匹配

（2）在完成匹配之后，利用切断工具分别保留各自一段完好的歌曲，请确保衔接处没有空白，以免造成不自然的歌声。

三、导出歌曲

当完成所有的工作之后，我们需要把多轨音频导出成参赛用的音频文件。

（1）在多轨界面，文件菜单的导出中选择多轨混音的整个会话，打开导出多轨混音对话框，如图 4 - 30 所示。

（2）为考虑兼容性，在采样类型设置中，将位深度改成 16 位，如图 4 - 31 所示。

图 4 - 30　导出多轨混音

图 4 - 31　设置位深度

（3）格式可选择 WAV 或者 MP3，如图 4 - 32 所示。

图 4 - 32 选择格式

（4）若选择 MP3，可在格式设置中选择 320 kbps 来保证最好的回放效果，如图 4 - 33 所示。

图 4 - 33 设置 MP3

（5）将保存的 WAV 或者 MP3 文件在自己的计算机上播放试听最后的结果，同时可尝试在其他计算机或者播放器上播放，以确保作品可在大多数播放设备上正常使用。

知识链接

随着科技的进步，特别是语音识别软件的诞生，使得音频素材的来源越来越多，质量也越来越高。语音识别软件是指可以通过语音识别技术，实现人的自然语言识别处理的软件系统，这种软件往往还能实现多种文件格式的转换。

 **项目实践**

　　中国的古诗词源远流长,其中很多古诗在适当配音下吟诵,更能体会其中的诗情画意和家国情怀。请找一首古诗,将其录制成音频,同时寻找适当的音乐音频作为配乐素材,通过建立多轨音频,选择适当的音频编辑方法,制作一份配乐诗朗诵的作品。

项目评价

测评项目		学生自评		
		完全理解	比较了解	有待了解
任务 1	制作伴奏			
任务 2	录制歌声			
任务 3	编辑音频			
小组评价	配乐诗朗诵	☐ 良好　　☐ 一般		
教师评价	课堂表现和项目实践	☐ 已掌握　　☐ 进一步学习		

模块五
视频剪辑与实例

本模块结合丰富的实例，全面介绍了视频编辑软件（Premiere Pro CC 2017)的使用方法和编辑技巧，注重其在影视制作中的常用功能。内容涵盖了 Premiere 的特点和功能、制作影片的流程、影片的基本编辑技巧、添加过滤效果、透明叠加和设置图像运动方面的知识。通过"初探影片剪辑"、"特效应用"、"渲染输出"3 个基本任务和 1 个"制作精彩短视频"的综合实践任务，引导学生真正掌握 Premiere 软件的基本使用方法。通过本模块学习，学生能迅速掌握 Premiere Pro CC 2017 的基本使用技巧，同时还能掌握影视特效制作思路和简单方法。

项目一
视频剪辑基础

········○

📍 学习目标

- 了解视频剪辑基本流程。
- 掌握 Premiere 软件的基本使用方法。

任务 1
认识 Premiere 软件

📋 任务描述

萍萍最近加盟了学校的新媒体社团,她需要经常处理一些老师和同学的录音和影片,这类情况该如何使用软件呢?

📈 任务分析

影视等资料在多媒体领域被称为视频,一般选用 Premiere 软件,进行编辑和处理。

📖 任务实施

一、认识软件

Premiere 软件是 Adobe 公司的一款优秀的专业视频编辑软件,专业、简洁、方便、实用作为其突出特点,并在剪辑领域被广为使用。

启动后的 Premiere Pro CC 2017 软件会显示"欢迎使用"界面,显示"将设置同步

到 Adobe Creative Cloud"、"打开最近项目"、"新建"和"了解"功能操作选项,如图 5 -
1 所示。

图 5 - 1　Premiere 软件启动界面

　　要编辑一个新的项目的时候就需要单击"新建项目"按钮,建立一个新的项目。在
打开的"新建项目"面板中设置项目的常规参数和缓存位置,如图 5 - 2 所示。在"新建
序列"面板中的"序列预设"和"设置"选项页设置序列名称、项目制式和视频格式(如传
统的 4∶3 或者宽屏 16∶9)等参数,如图 5 - 3(a)和 5 - 3(b)所示。

图 5 - 2　新建项目窗口

图 5 - 3(a)　新建序列窗口

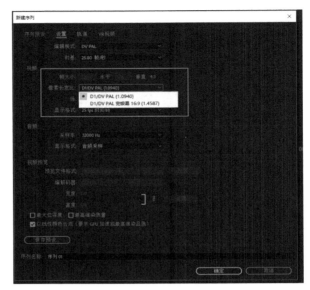

图 5‑3(b)　设置窗口

二、软件工作界面

启动 Premiere Pro CC 软件,设置完项目参数后就进入 Premiere Pro CC 的工作界面了。工作界面包括一些默认的工作面板,初始的工作界面包括标题栏、菜单栏、效果面板、效果控件面板、工具面板、节目监视器面板和音频仪表等,如图 5‑4 所示。

图 5‑4 中的 a 区域"项目"面板主要用于创建、存放和管理音视频素材。可以对素材进行分类显示、管理预览。

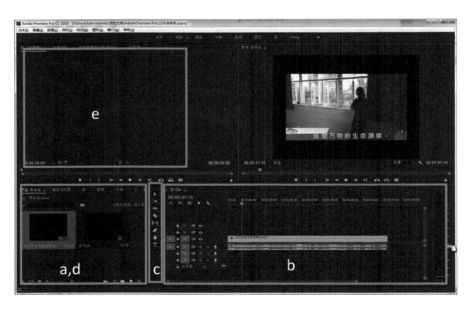

图 5‑4　软件工作界面

图 5-4 中的 b 区域"时间轴"面板主要用于排放、剪辑或编辑音视频素材,是视频编辑的主要操作区域。

图 5-4 中的 c 区域"工具"面板主要用于"时间轴"中编辑素材。

图 5-4 中的 d 区域"效果"面板提供多个音视频特效和过渡特效,根据类型不同分别归纳在不同的文件夹中,方便选择操作使用。

图 5-4 中的 e 区域"效果控件"面板显示素材固有的效果属性,并可以设置属性参数变化,从而产生动画效果,如图 5-5 所示。

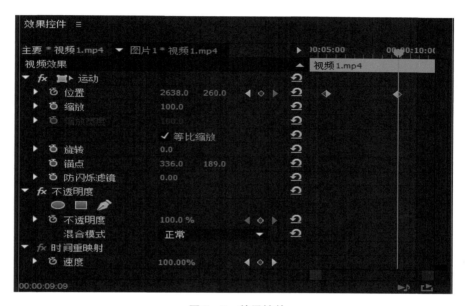

图 5-5　效果控件

以上面板如果在操作过程中无法看到,可使用"窗口"/"工作区"/"重置为保存的工作区"进行复位。

知识链接

帧:一幅静止的图像被称做一帧(Frame),一般视频画面是每一秒钟有 25 帧,因为人类眼睛的视觉"延迟现象"正好符合每秒 25 帧的标准。

时间轴是进行视频编辑的重要区域,Premiere 中需要将视频、音频拖曳至时间轴上才能进行编辑,该面板最上方有时间刻度,时间轴上的播放线便于帧的定位,如图 5-4 中需要编辑视频第 41 秒 15 帧画面,就可以将播放线拖曳至该处,或者直接在左上方输入"4115"后回车确定。节目面板中按播放按钮(或直接按空格键)可播放从当前时间线位置到视频最后一帧的画面。

入点和出点:精确细致的剪辑会频繁用到打出入点("{"按钮和"}"按钮)。在源素材窗口,标记出入点,就定义了操作的区段,把它拖到时间线上,就不是整个素材,而是你选取的区段。

✍ **任务拓展**

Premiere属于比较专业的剪辑软件,可以制作出精准度相当高的影视作品,日常生活中我们用手机拍摄视频还可以用哪些 App 来做剪辑呢? 大家可以网上查一查。

任务 2
初探影片剪辑

任务描述

萍萍用手机在学校拍摄了一些短视频,希望用 Premiere 软件来做视频剪辑和简单特效,并配上字幕,输出完整的影片。

视频 5-1
导入素材

任务分析

所有多媒体的作品编辑都遵循素材积累、导入素材、编辑素材的过程,Premiere软件也是这样实施的。

任务实施

一、导入素材

1. 素材准备
一般将素材视频整理到一个文件夹,通过查看文件大小了解原始素材的分辨率大小,建议在新建序列时可找一个最接近的规格,可最大限度地还原原始素材。

2. 导入素材
在 Premiere 源面板双击可打开"导入"对话框,选取素材视频导入。如果导入的是文件夹中的序列,也可直接选择"导入文件夹"。这样我们把所需的各种视频、音频、图像文件都导入了项目源,如图 5-6 所示。如果是 PSD 格式素材,可以分图层导入。

图 5-6 素材导入

3. 新建项目

在源面板空白处右击,选择"新建项目"、"序列",在对话框中指定制式为 DV PAL,标准 48 kHz,如图 5-7 所示。

图 5-7 新建序列

此时,时间轴面板激活,默认有三根视频轨道(V1、V2、V3)和三根音频轨道(A1、A2、A3),如果需要添加轨道,可在时间轴面板空白处右击,选择添加"轨道"即可,如图 5-8 所示。

图 5-8　添加轨道

4. 预览视频

我们把素材从源面板拖曳至时间轴 V1 轨道处，按键盘上的空格键，即可在节目面板中浏览这段视频（如果素材较大，播放时时间轴上出现红线表示比较卡，可先按回车键渲染后等红线变绿再播放）。我们在前期拍摄时需要从不同角度多拍摄一些素材，这样后期剪辑时可选素材就比较充足。

视频 5-2
剪辑素材

二、裁剪素材

现在对照脚本，我们发现这段视频中只需取部分镜头（比如第 5 秒开始到第 10 秒的镜头），那我们将播放头调至第 5 秒处，用工具箱中的剃刀工具在此处将视频剪一刀，视频被分为两截，然后用选取工具选择前一段视频，按 Delete 键删除。用同样方法删除 10 秒后的视频。轨道 V1、V2、V3 均可以放置视频素材，如果在同一时间位置的 V1 上放置素材 A、V2 上放置素材 B，那么 B 将覆盖 A。

三、添加音频和设置时间轴

1. 添加音乐

选取项目面板中的音频素材，拖曳到时间轴 A1 上，调整 A1 的高度，使声波可见，然后使用剃刀工具选取出需要的音乐部分，将音频与视频对齐。如果需要制作背景音乐淡入效果，可在音频轨道上起始位置设置关键帧，将音量调小，然后在后面位置再加关键帧，将音量恢复正常值，如图 5-9 所示。

2. 时间轴上的轨道设定

时间轴上的各轨道前有个活动标志 V1，该标志放在哪层轨道上，该层轨道即为当前活动轨道。如图 5-10 所示，我们可以将源窗口中的视频插入 V2 轨道播放头所指位置。

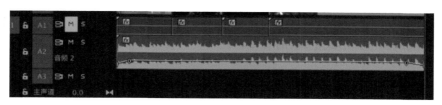

图 5‑9　添加音乐

图 5‑10　时间轴上轨道设定

知识链接

波形删除是在序列中将素材删除后，后面的素材自动移动到删除素材的位置处，可提高编辑效率，选中轨道上的该视频素材，右击鼠标，在快捷菜单中选择波纹删除进行设置，如图 5‑11 所示。轨道面板下有个标尺滑块，可以拖动滑块来缩放轨道上的视频，类似于放大镜效果。

图 5‑11　波形删除菜单

任务拓展

如果觉得某段视频播放速度太慢，可右击轨道上的该视频段，在快捷菜单中设置"速度和播放时间"。

将素材中孩子奔跑的画面做成由远及近再由近及远的效果。

项目实践

利用三段素材完成女主播视频剪辑（时长 10 秒）。去除第一段中的导播命令"camera"画面，前 5 秒镜头为女主播画面，接下来将第二段素材中的女白领工作画面衔接(时长 3 秒),两段视频间设置合适的过渡特效,最后将第二段中的电脑屏幕显示片段以画中画形式呈现(时长 2 秒)。

项目评价

	测评项目	学生自评		
		完全理解	比较了解	有待了解
任务 1	认识 Premiere 软件			
任务 2	初探影片剪辑			
小组评价	项目实践结果	作品时长	过渡特效	画中画效果
教师评价	课堂表现和项目实践完成情况	☐ 已掌握	☐ 进一步学习	

项目二
特效应用和渲染输出

学习目标

- 了解关键帧动画、特效和渲染的操作方法。
- 掌握转场特效和特效插件的应用。
- 掌握渲染输出的方法。

任务 1
特效应用

任务描述

萍萍了解了 Premiere 软件的基本使用后,她又有了新的思考,如何更好地对音频和视频进行编辑,从而展现丰富效果的作品?

任务分析

音频和视频后期制作可以有很多方法,本章节主要介绍如何应用特效进行一定修饰,并最终输出作品。

任务实施

1. 时间轴动画

在上节课末尾我们介绍了音频在时间轴上的关键帧,同样视频部分也可以设置关键帧动画,选中轨道上的视频,在左上方效果控件窗口面板中可以观察到很多项前面有小闹钟标志,如位置、缩放、旋转、锚点、不透明度等,如图 5 - 12 所示。

我们只需将播放线移到合适位置,单击这些小闹钟即可添加第一个关键帧,以缩

图 5‑12　效果控件界面

放为例：在第 0 帧位置打关键帧，设置缩放比例为 80%，再移到 2 秒处，按◇再添加一关键帧，设置缩放比例为 120%，预览一下我们会看到一个类似于推近景的动画效果。我们还可以同时在不透明度的合适位置添加关键帧并修改不透明度，得到一个淡入的效果。

2. 视频特效和过渡特效

Premiere 中提供很多视频特效，我们可以先在左下方特效面板中找到需要的特效，将其拖曳至轨道上的视频处（或者直接拖曳至左上方效果控件面板空白处），配合关键帧参数设置即可形成特效动画。

打开左下角的效果面板（如无则在窗口菜单中单击"效果"），可以对当前轨道所选视频添加各种特效。多种特效可以叠加使用，如裁剪、模糊等。将特效拖曳至视频上，然后在效果控件面板中进行特效参数设置，如图 5‑13 所示。

图 5‑13　特效选择界面

3. 特效的基本使用

尝试制作旅游动态路线图,设置出发点为上海,经北京到达呼伦贝尔。

可以使用书写特效,但是容易卡机。现在可先在photoshop 中绘制小圆点和线条(分两层),保存为 psd格式图片。用一根直线,设置起点帧的裁剪顶部特效为

视频 5-3　特效基本使用

100％,设置起点位置和旋转角度,再通过终点裁剪顶部特效为 0％,达到线路指引效果。每个点的小圆点图标在 0 帧的缩放为 0,在 5 帧的缩放为 120,在 10 帧的缩放为100。可以复制图标(连关键帧)至 V2、V3 等轨道不同位置,如图 5-14 所示。

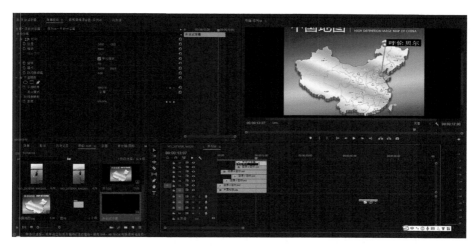

图 5-14　实践操作效果

4. 其他特效

还有一些特效是在两段视频之间的过渡转场效果,如渐隐为黑色等,直接将过渡特效拖曳至两视频之间的分隔处,调整转场过渡时间即可。如果对特效效果不满意可直接在左上方效果面板中单击 delete 或单击 fx 小标记暂时去除特效。

我们还可以导入特效插件,将下载的插件文件复制到对应插件文件夹(Plug-in)处即可使用。

关键帧:用来设置动画效果,在动画的开始设置一个关键帧,表示动画从这个点开始生效,在结尾设置一个关键帧,表示动画在这个点结束。每个关键帧的属性要分别设置对应不同的特效效果。在效果控制面板里,每项参数有个小闹钟样的按钮,点击一下就会自动记录关键帧,或者点击该按钮后,前面有个菱形的按钮,点击也会产生新的关键帧。

■ 任务拓展

将一张 JPG 格式图片导入后置于时间轴 V1,可以发现其默认持续时间是 5 秒,利用效果面板上的不透明度设置关键帧,做出图片闪烁的效果。

任务 2
渲染输出

■ 任务描述

萍萍在编辑好作品后,开始考虑如何形成和展现最终的作品呢?

■ 任务分析

Premiere 软件可以通过渲染输出的方式,制作视频等文件。

■ 任务实施

1. 渲染输出视频

在剪辑完成视频后,需要输出成品了,"文件"→"导出"→"媒体"开启输出的整个过程,如图 5-15 所示。

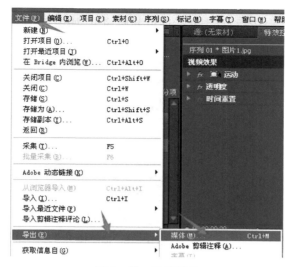

图 5-15　导出菜单

注意选择你需要输出的是整个序列还是标志过入点、出点的序列，如图 5-16 所示。

图 5-16　导出设置

然后设置的是输出的格式，里面有很多种，我们可以根据需要进行选定，推荐 AVI 格式（如图 5-17 所示）。再就是输出的文件路径和导出选项（选择整个序列），注意的是导出的音频和视频两项都要勾选上。

图 5-17　格式设置

确定设置完毕后,点击开始即可开始输出,如图 5 - 18 所示。

图 5 - 18　渲染输出过程

知识链接

渲染是在时间线上生成适时的视频预览以便在监视窗流畅播放,该过程会对所选视频每帧的图像进行重新计算优化,在运用某些特效后由于计算机配置的不同可能会产生卡顿现象(时间轴上标志为红色),可以按 Ctrl＋回车键进行渲染后预览。

AVI 英文全称为 Audio Video Interleaved,即音频视频交错格式,AVI 文件将音频(语音)和视频(影像)数据包含在一个文件容器中,允许音视频同步回放。如果想得到画质清晰且存储容量不大的文件,AVI 是个不错的选择。

任务拓展

Premiere 2018 新增功能介绍:以关键帧效果为例,可以制作更自然的动画效果,如图 5 - 19 所示。

图 5 - 19　新增功能举例

选中关键帧,右键加入"自动贝塞尔曲线"、"缓入"、"缓出",让动画更符合人的视觉,不再是单纯的匀速直线运动了。还有很多新功能,大家在实践中慢慢探索发现吧!

任务 3
综合实践——制作精彩短视频

任务描述

随着小视频的流行,萍萍非常想利用视频技术制作一个效果震撼的视频作品。

任务分析

Premier 的蒙版使您能够在剪辑中实现模糊、覆盖、高光显示、应用效果或校正颜色的特定区域,再结合其他技术,可以使制作的视频达到影视大片的效果。

任务实施

(1)打开软件,导入素材中的视频,如图 5-20 所示。

图 5-20　导入视频

(2)将 V2 上视频进行垂直翻转:在运动面板中旋转 180 度,也可直接加视频特效中的垂直翻转,如图 5-21 所示。

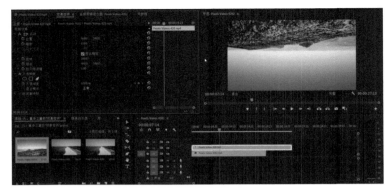

图 5‑21　垂直翻转

（3）调整两个视频的相对位置，对 V2 上的视频添加不透明度上的蒙版，矩形，并调整矩形蒙版大小和位置，适当增大羽化半径，让两视频交界处的天空很好地融合。此处需要逐帧反复调整，如图 5‑22 所示。

图 5‑22　调整蒙版

（4）加上背景音乐，测试后发现节奏有点慢，可以将 V1、V2 嵌套成一个序列，然后通过比率拉伸工具调整速度，如图 5‑23 所示。

图 5‑23　调整速度

（5）用不透明度关键帧在前面做一个黑场过渡渐入效果，如图 5‑24 所示。

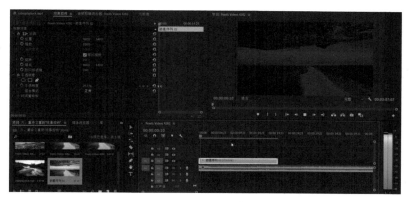

图 5‑24　黑场过渡效果

（6）复制嵌套视频至 V2，将视频大小缩至合适比例，制作片尾滚动字幕。去除多余音乐片段，如图 5‑25 所示。

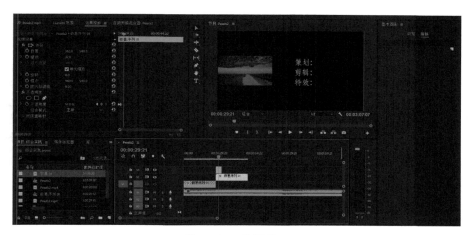

图 5‑25　片尾处理

（7）将序列导出为 MP4 格式就可以发布了。

知识链接

蒙版技术是影视后期制作中经常用到的一种特技，也是多画面合成到一幅画面的基本技术。在大多数的图像处理，视频编辑软件中都可以找到它的身影。但由于蒙版技术涉及的概念较多，如图像蒙版、轨道蒙版等，操作的灵活性较大，在实践应用中要根据需要，采用不同的特效。

轨道蒙版除了可以实现图像蒙版的效果,还可以实现动态蒙版效果。因为它可以将静态的图像或者动态的视频作为蒙版,有兴趣的话你可以自己尝试一下哦。

项目实践

学了这么多知识,尝试利用导出关键帧制作棒球在空中停留的动画效果。效果如图5-26所示。

图5-26 实践效果

项目评价

	测评项目	学生自评		
		完全理解	比较了解	有待了解
任务1	特效的应用			
任务2	渲染输出			
任务3	综合实践——制作精彩短视频			
小组评价	项目实践成果	视频节奏	关键帧特效	渲染输出
教师评价	课堂表现和项目实践完成情况	☐ 已掌握	☐ 进一步学习	

模块六
动画制作与实例

本模块以任务为引领，引导学生使用动画制作软件（Flash CS5）和三维动画制作软件（3ds Max 7），完成指定作品，同时能基本学会相应软件的基本使用方法。二维动画制作部分，通过"插入动感文字"、"使用遮罩动画"、"认识按钮元件"、"混合模式应用"4个实例，使学生掌握 Flash CS5 的插入文字、制作图形、按钮元件、混合模式、动画补间、形状补间和遮罩动画等的基本方法。三维动画制作部分，通过"扭动苹果"、"跳动小球"、"行走小人"和"池塘喷泉"四个有趣的实例，使学生掌握 3ds Max 7 的基本操作方法和制作技巧，同时具有常用的动画制作思路。本模块最后通过"效果丰富"和"玩雪橇的雪人"两个综合实践案例，帮助学生复习和巩固的 Flash CS5 和 3ds Max 7 软件的一般操作方法。

项目一
二维动画制作

学习目标

- 了解 Flash 软件的基本使用方法。
- 理解插入文字、制作图形、按钮元件、混合模式的技巧。
- 掌握制作动画补间、形状补间、遮罩动画的基本方法。

任务 1
插入动感文字

任务描述

学生会宣传委员芳芳最近接到一个任务，需要为某个宣传画设计一个动态标题，她正在考虑如何完成。

视频 6-1
动态文字

任务分析

Flash CS5 是一款采用矢量图形编辑和动画创作的专业软件，接下来芳芳就要通过 Flash 学习来制作一个动态标题。

任务实施

一、Flash 软件基本界面

Flash 软件具有文件小、功能强、交互性好等诸多优点，在动画制作、网站设计和游戏娱乐广告等方面有着广泛的应用，已成为网络多媒体的重要组成部分。启动 Flash CS5 软件，认识工作界面，如图 6-1 所示。

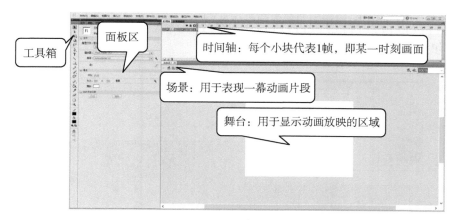

图 6-1　Flash 操作界面

帧：帧是组成时间轴的基本单元，它是影像动画中最小单位的单幅影像画面，相当于电影胶片上的每一格画面。一帧就是一副静止的画面，快速连续地显示帧便形成了运动的假象——动画。

图层：层就像堆叠在一起的多张透明胶片一样，每个层显示同一时间轴不同运动状态的对象。时间轴的主要组建是层、帧和播放头。

库：库相当于 Flash 影片中所有可以重复使用的元素的存储仓库，这些元素包括声音、视频、位图、组合、元件等素材，只要是动画应用过的素材，无论是从外部导入的，还是从剪贴板粘贴过来的，或者是当前动画中创建的，都会被自动保存到库里。当需要使用时从库中调用即可。

元件：Flash 动画中元件可以分为图形元件、按钮元件、影片剪辑元件三种类型。

二、操作实例

这里我们将介绍如何运用 Flash 软件生成一个简单的动态文字效果。

（1）启动 Flash CS5 软件，在界面中选择"新建/ActionScript2.0"，在属性面板中设置舞台大小为 600×150 像素，背景为黑色，如图 6-2 和 6-3 所示。

图 6-2　创建新文档

图 6-3　设置属性面板

（2）使用矩形工具 ▭ 绘制大小为 600×150 像素的矩形，并使用颜料桶工具 ◇ 填充橘色渐变，如图 6-4 所示。

图6-4　填充颜色

（3）点击"插入/新建元件"命令，名称为"圆环"，类型选择"影片剪辑"，点击确定，此时我们进入了影片剪辑元件中。接着，使用椭圆工具 ◯ ，打开笔触 ▱ 颜色，设置为白色，打开填充 ▱ 颜色，设置为无 ◻ ，笔触（在属性面板里）为 15，绘制一个圆。

（4）在"圆环"影片剪辑元件中，图层 1 的第 10 帧按 F6 键插入关键帧，使用变形工具 ▦ 并同时按住 Alt 和 Shift 键，可以按圆心缩小圆环，在第 1 帧处点击右键创建形状补间动画，如图 6-5 所示。

图6-5　建立圆环元件

（5）以此方法再建立圆环变大的影片剪辑元件"圆环 2"。

（6）点击"插入/新建元件"命令，名称为"制 1"，类型选择"图形"，点击确定。此时我们进入了图形元件中。接着，使用文本工具 T 输入文字"制"，在属性面板中设置字体为华文新魏，字号为 60，颜色为白色。

（7）创建影片剪辑元件"制"，进入此元件的编辑状态，将库中的元件"制 1"拖到舞台中，在第 10 帧处按 F6 键添加关键帧，返回到第 1 帧，执行"修改/变形/缩放与旋转"命令将文本放大到 300%。点击文字，在属性面板中点击"色彩效果"，"样式"下拉框里选择 Alpha，将值设置为 0% 并添加动画补间。在第 100 帧处按 F5 键插入普通帧。

（8）在影片剪辑元件"制"中点击 ▢ 新建图层 2，将图层 1 的第 10 帧复制，在图层

2的第11帧处粘贴帧。在图层2的第15帧处按F6键添加关键帧,执行"修改/变形/缩放与旋转"命令将文本放大到150%并将其Alpha值设置为0%。返回到第11帧添加动画补间。在第100帧处按F5键插入普通帧,如图6-6所示。

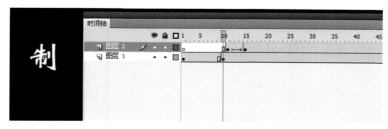

图6-6 建立文字元件

（9）以此方法分别建立其他文字（作、动、感、文、字）的影片剪辑元件。

（10）返回到主场景中,新建图层2,将库中影片剪辑元件"圆环"和"圆环2"拖动到舞台中,点击圆环,在属性面板中点击"色彩效果","样式"下拉框里选择Alpha,将其Alpha值设置为20%,位置摆放好,如图6-7所示。

图6-7 添加元件

（11）新建图层3,使用文本工具输入"FLASH",设置字体为华文新魏,字号为60,颜色为白色。在第5帧处按F6键插入关键帧,返回到第1帧,将文本向上移动到舞台外,设置动画补间,将Alpha值设置为20%,如图6-8所示。

图6-8 新建图层3

（12）新建图层 4，依次将库中元件"制"、"作"、"动"、"感"、"文"、"字"拖动到舞台中。

（13）先将其他图层锁定，选中图层 4 中的全部对象，执行"修改/对齐/顶对齐"命令，再执行"修改/对齐/按宽度均匀分布"命令，将对象排列整齐。

（14）在所有图层第 100 帧按 F5 插入普通帧。

（15）点击"文件/另存为"进行保存，如图 6-9 所示。

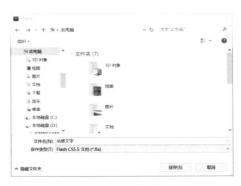

图 6-9　保存动画

知识链接

补间动画又叫做中间帧、渐变动画，只要建立起始和结束的画面（关键帧），中间部分由软件自动生成，省去了中间动画制作的复杂过程。

任务拓展

我们在进行对象的图形编辑时，使用菜单中的变形、排列、对齐等命令可以帮助我们更快、更好地完成编辑。各命令中又包含许多子命令，具体内容如图 6-10 所示。

图 6-10　菜单举例

任务 2
使用遮罩动画

视频 6－2
遮罩动画

任务描述

在学习 Flash 软件过程中，芳芳发现有些动画有的地方高亮，有的地方黑暗，非常有趣，她准备开始学习这种技巧了。

任务分析

其实这种效果在 Flash 中叫遮罩动画，就像舞台上追光灯，随着追光灯的移动，产生亮和暗的变动。

任务实施

一、遮罩动画

遮罩动画是 Flash 中的一个很重要的动画类型，很多效果丰富的动画都是通过遮罩动画来完成的。遮罩动画必须至少有两个图层，上面的一个图层为"遮罩层"，下面的图层为称"被遮罩层"；这两个图层中只有相重叠的地方才会被显示。也就是说，在遮罩层中有对象的地方就是"透明"的，可以看到被遮罩层中的对象，而没有对象的地方就是不透明的，被遮罩层中相应位置的对象是看不见的。

二、操作实例

我们可以设计动态文字了，现在我们再设计一种文字，文字边缘金光流动，背后的光晕忽明忽暗，给人以闪耀夺目的金属感的效果。

（1）创建一个新的 Flash 文档，设置舞台大小为 550×400 像素，背景为土黄色。

（2）执行"插入/新建元件"命令，建立一个类型为"影片剪辑"、名称为"文字"的元件。

（3）进入元件的编辑状态，使用文本工具 **T**，并在属性面板中设置其属性，将字体设置为华文琥珀，字体为黑色，大小为 80，调整字符间距，使用对齐面板，设置居中对齐，如图 6－11 所示。

（4）在舞台上输入文字"金光闪闪"，并执行"修改/分离"命令两次，彻底打散这些

图 6-11 编辑元件

图 6-12 打散文字

文字,如图 6-12 所示。

(5)在第 25 帧插入帧,并选中第 1 帧,复制该帧,插入图层 2,在第 1 帧处粘贴该帧。

(6)新建图层 3,并将该层放在最底层,如图 6-13 所示。

图 6-13 新建图层

(7)隐藏图层 2,将该图层作为文字内填充。选中图层 1 的第 1 帧,执行修改/形状/柔化填充边缘,将距离设为 8 px,如图 6-14 所示。

图 6-14 柔化填充

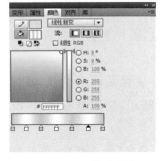

图 6-15 填充颜色

(8)选择图层 3 的第 1 帧,使用矩形工具 ▢,笔触设置为无,填充颜色为线性渐变,绘制矩形。在混色器面板中设置颜色为黄白相间,如图 6-15 所示。

(9)按住 Shift+Alt 键,复制该矩形水平向右拖动。在第 25 帧插入关键帧,创建补间动画,如图 6-16 所示。

图 6-16   建立补间动画

（10）选中图层 1 并单击鼠标右键，选择遮罩层。

（11）选中字体，将做好的黄白相间的渐变色填充文字体内，最后选择填充变形工具 （内嵌），并转动其角度，将颜色调到合适的斜度，如图 6-17 所示。

（12）新建一个影片剪辑元件，命名为光晕。

（13）使用椭圆工具，按住 Shift 键绘制一个从白色到透明色过渡的正圆，如图 6-18 所示。

图 6-17   添加遮罩

图 6-18   绘制过渡圆

（14）在第 25 帧和第 50 帧分别插入关键帧。选中第 25 帧，将其大小在变形面板中改为 300%，创建形状补间动画。

（15）返回场景，将"文字"元件拖入舞台，将其置于舞台中心偏上的位置。

（16）复制文字，并粘贴到当前位置，执行"修改/变形/垂直翻转"命令，并将新文字水平下移到合适位置。

（17）选中新文字，在属性面板中将 Alpha 值设为 30%。

（18）新建图层 2，并将其移到最底层，选中第 1 帧，将"光晕"元件拖到舞台上，并用任意变形工具调整光晕大小，作为文字背景。

（19）保存，如图 6-19 所示。

图 6-19   动画效果

用遮罩可以创造很多神奇的效果,如水波、展开的卷轴、百叶窗、放大镜、望远镜等。

任务拓展

遮罩动画的原理是在舞台前增加一个类似于电影镜头的对象。这个对象不局限于圆形,可以是任意形状。制作完成后的影片只显示电影镜头"拍摄"出来的对象,其他不在电影镜头区域内的舞台对象不再显示。遮罩图层和被遮罩图层只有在锁定状态下才能够在工作区中显示出遮罩效果。解除锁定后的图层在工作区中是看不到遮罩效果的。

任务 3
认识按钮元件

视频 6-3 按钮元件

任务描述

芳芳和别人共同制作一个动物网站的主页,动物的各种表情隐藏于按钮之下,当鼠标经过动物时,动物隐藏的表情就会出现相应效果。

任务分析

通过 Flash 中的交互按钮,可以设置不同的效果,从而使网页形式十分生动活泼。

一、按钮元件

很多人都喜欢用 Flash 制作网页，Flash 中按钮的交互性是它最主要的特点，Flash 网页通过按钮进行交互，可以让用户亲自参与控制和操作影片的进程。而且 Flash 公用库中本身就提供了很多现成的按钮，只要将此按钮拖曳到场景中就可以非常方便地生成 Flash 元素。

二、操作实例

下面我们将通过一个实例来感受一下按钮元件的奇妙功能。

（1）创建一个新的 Flash 文档，设置舞台大小为 900×390 像素，背景为白色。

（2）执行"文件/导入/导入库"命令，将素材相应的"背景.jpg"、"1.jpg"、"2.jpg"、"3.jpg"、"4.jpg"、"5.jpg"导入库中，将图片"背景.jpg"拖入舞台，在属性面板中将其大小调整为舞台大小，并居中对齐。

（3）修饰界面，使用直线工具 ＼ 在舞台上绘制出分割线，并在属性面板设置其属性，选择适合的直线类型，颜色为白色。

（4）使用多角星型工具 ◎ 和椭圆工具 ◎ 绘制几个可爱的图形，如图 6-20 所示。

图 6-20 添加图形

（5）执行"插入/新建元件"命令，建立一个类型为"图形"、名称为"1"的元件。

（6）进入元件的编辑状态，从库中将图片"1.jpg"拖到舞台，居中对齐。

（7）仿照上述步骤，新建取名为"2"、"3"、"4"和"5"的图形元件，分别将图片"2.jpg"、"3.jpg"、"4.jpg"、"5.jpg"导入其中。

（8）执行"插入/新建元件"命令，建立一个类型为"按钮"，名称为"猫 1"的元件。

（9）进入按钮的编辑状态，将元件"1"拖曳到"弹起"状态中，并相对于舞台居中对齐,如图 6-21 所示。

(10) 在"指针经过"状态中,插入关键帧,选中图形,在变形面板中将图片缩放为 90%,在属性面板中将其 Alpha 值改为 50%,如图 6-22 所示。

(11) 在"按下"状态中,插入关键帧,将其大小缩放为 80%,将 Alpha 值改为 100%,如图 6-23 所示。

图 6-21 编辑元件

图 6-22 设置指针经过

图 6-23 设置按下

(12) 仿照上述步骤,新建命名为"猫2"、"猫3"、"猫4"和"猫5"的按钮元件。

(13) 回到主场景,新建图层,从库中将"猫1"、"猫2"、"猫3"、"猫4"和"猫5"的按钮元件拖到舞台合适位置,将新图层移至底层,如图 6-24 所示。

图 6-24 添加其他按钮

(14) 保存。

🖥 **知识链接**

当我们新建了一个类型为"按钮"的元件,可以看到按钮元件内部有四种状态,分别是弹起、指针经过、按下和点击,我们可以在这四种状态下插入关键帧,下面先来看看它们各自的作用。

● 弹起:按钮没有被触发时的样子,也就是按钮的原始状态。

● 指针经过:鼠标划过或停留在按钮上的状态。

● 按下:当鼠标点击在按钮上的状态。

● 点击:代表按钮的有效点击区域,如果"按下"状态时的图形是填充图形,那么按钮的有效点击区域就默认为是该图形。但是,如果制作的是文字按钮或者空心按钮就很难被选中,这时我们就需要添加一个区域图形,覆盖文字或者空心图形,使得鼠标在此区域内点击有效,这就是点击区域。该区域内的图形颜色将被隐藏,它只代表按钮的有效范围。

任务拓展

如果我们希望亲手制作一些更具有个性、更精致的按钮,就必须先了解按钮的内部原理。

任务 4
混合模式应用

视频 6-4　混合模式

任务描述

随着学习的深入,芳芳开始尝试利用 Flash 强大的混合模式制作特效美术字。

任务分析

混合模式制作的字体经过不同的背景区域呈现出不同的姿态,极富艺术美感。

任务实施

一、混合模式

使用混合模式可以创建复合图像,复合是改变两个或两个以上重叠对象的透明度或者颜色相互关系的过程,还可以混合重叠影片剪辑中的颜色,从而创造独特的效果。

二、操作实例

（1）创建一个新的 Flash 文档，设置舞台大小为 550×400 像素。

（2）执行"文件/导入/导入库"命令，将素材"背景.jpg"导入库中，将图片"背景.jpg"拖入舞台，在属性面板中将其大小调整为舞台大小，并居中对齐，将"图层 1"重新命名为"背景"，在第 150 帧处插入帧。

（3）新建一个图层，重新命名为"美术字"。

（4）在"美术字"图层的第 1 帧处运用文本工具 **T** 输入"美术字"3 个字，字体为"华文琥珀"，大小设置为 90，字符间距设置为 45。

（5）点击选择工具选中"美术字"，并执行"修改/分离"命令两次，彻底打散这些文字。用颜料桶工具 🖌，设置填充颜色为样本中的七彩色 🖌▐，填充文字。选择墨水瓶工具 🖌，单击文字形状为它添加笔触颜色，如图 6-25 所示。

（6）鼠标右键选择"转换为元件"，将"美术字"转换为"影片剪辑元件"，名称为"美术字"，如图 6-26 所示。

图 6-25　添加颜色

图 6-26　转换为元件

（7）在"美术字"图层的第 30、60、90、120、150 帧处分别插入关键帧，任意改变某一个帧上"美术字"的大小和位置。

（8）选中第 30 帧上的"美术字"，单击属性面板的"混合"下拉列表，选择"变亮"类型，此时舞台上的"美术字"颜色发生了相应的变化，如图 6-27 所示。

图 6-27　设置混合模式类型

（9）使用同样的方法，在第 60、90、120 帧处分别添加混合模式中的"叠加"、"差值"、"反相"类型，此时舞台上的"美术字"颜色发生了相应的变化，如图 6-28 所示。

图 6-28　设置不同混合模式类型

（10）在第 30～60 帧、第 60～90 帧、第 90～120 帧和第 120～150 帧间分别添加动作补间动画，如图 6-29 所示。

图 6-29　设置补间动画

（11）保存。

知识链接

混合模式包含以下元素：

- 混合颜色：是应用于混合模式的颜色。
- 不透明度：是应用于混合模式的透明度。
- 基准颜色：是混合颜色下的像素的颜色。
- 结果颜色：是基准颜色的混合效果。

任务拓展

美术字是艺术宝库中很独特的艺术形式，它保留了汉字本身形象、指事、会意的特征，又增强了笔画的意趣、节奏的韵律，使文字的表现形式更趋新颖和富于艺术情趣，这种实用兼欣赏的艺术效果给人以美的享受。

随着学习的深入,芳芳在遮罩中添加运动效果就可以制作出更丰富的多媒体影片效果。

任务分析

利用线条的变化,配合遮罩在图片动画上产生效果,这种动画可以表现丰富的视觉效果。

视频 6-5
效果丰富

任务实施

一、影片剪辑

影片剪辑就是在 Flash 影片中嵌入一段影片。影片剪辑有自己的时间轴,可以在时间轴上创建独立的影片效果。

二、操作实例

(1) 打开 Flash 文件,执行"文件/导入/导入库"命令,选中素材综合实例 1. jpg、综合实例 2. jpg、综合实例 3. jpg,点击打开,如图 6-30 所示。

(2) 在时间轴上点击"新建图层" ,命名为"背景",将综合实例 1. jpg 从库中拖到场景里,设置大小为 550×400 像素,点击对齐面板设置为水平、垂直居中对齐,在第 110 帧处点击右键插入关键帧,如图 6-31 所示。

图 6-30 导入素材

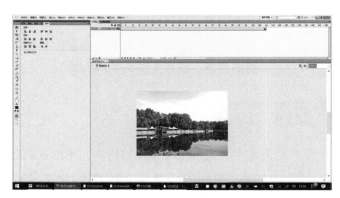

图 6-31 设置背景

（3）执行"插入/新建元件"命令，名称设置为"线条"，类型为"图形"，点击确定，如图 6-32 所示。

图 6-32　新建元件

（4）在图形元件中利用线条工具 ▨ 画一根白色的直线，如图 6-33 所示。

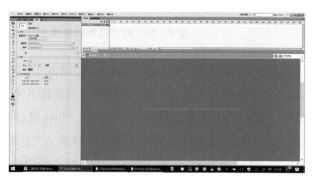

图 6-33　画线

（5）点击场景 1，返回到场景中，在时间轴上点击"新建文件夹" ▭，命名为"线动画"，在下面新建四个图层，分别命名为"线 1"、"线 2"、"线 3"、"线 4"，分别在四个图层中拖入线条元件，在第 10 帧、第 25 帧、第 40 帧、第 55 帧、第 60 帧、第 70 帧、第 80 帧、第 95 帧、第 100 帧、第 110 帧处插入关键帧，并移动线条位置，从第 1 帧到第 110 帧，右键点击"创建传统补间"来制作四根线条的动画，如图 6-34 所示。

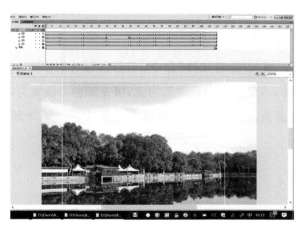

图 6-34　制作四根动画线 1

（6）在第 40 帧到第 55 帧的运动过程中，线 1、线 2、线 3 保持不动，线 4 向右移动，留出一个矩形的位置，在第 55 帧到第 60 帧的运动过程中，线 1、线 2、线 3 保持不动，线 4 向左移动，合闭矩形。同理，在第 80 帧到第 95 帧的运动过程中，线 2 向上移动，其余线条不动，留出一个矩形位置，在第 80 帧到第 95 帧的运动过程中，线 3、线 4 保持不动，线 2、线 4 左右移动，合闭矩形，如图 6-35 所示。

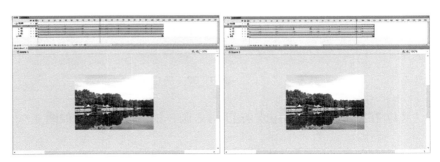

图 6-35　制作四根动画线 2

（7）执行"插入/新建元件"命令，名称设置为"动画 1"，类型为"影片剪辑"，点击确定。打开库面板，将综合实例 2.jpg 拖入场景中，点击图片右键"转换为元件"，命名为"图片 1"的图形元件，利用任意变形工具 ▥，按住 Shift 键，调整图片大小，点击对齐面板设置为水平、垂直居中对齐，点击第 20 帧，右键插入"关键帧"，利用任意变形工具 ▥，按住 Shift 键，将图片缩小，在第 1 帧和第 20 帧之间单击鼠标右键点击"创建传统补间"，这时候图片缩小的动画就形成了，如图 6-36 所示。用同样的方法制作影片剪辑"动画 2"，制作图片向上移动的动画，如图 6-37 所示。

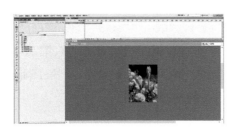 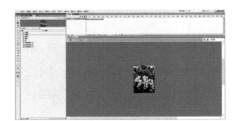

图 6-36　制作"动画 1"　　　　　　图 6-37　制作"动画 2"

（8）执行"插入/新建元件"命令，名称设置为"遮罩"，类型为"图形"，点击确定。点击矩形工具 ▭，笔触颜色 设置为无，填充颜色 设置为白色，在场景中绘制一个矩形，点击对齐面板设置为水平、垂直居中对齐，如图 6-38 所示。

图 6-38　绘制"遮罩"

（9）点击场景1，返回到场景中，关闭"线动画"图层文件夹，新建图层，命名为"图片"。选择这层的第40帧，点击右键插入空白关键帧，打开库面板，将"动画1"影片剪辑元件拖入场景中，使用任意变形工具将"动画1"影片剪辑元件调整大小，使其正好处在4条直线的轮廓之内，点击第55帧插入关键帧，在第60帧插入关键帧。接下来用同样的方法制作第二个图片，在第61帧插入空白关键帧，在第80帧插入关键帧，将"动画2"影片剪辑元件拖入场景中，使用任意变形工具将"动画2"影片剪辑元件调整大小，使其正好处在4条直线的轮廓之内，在第95帧、第100帧处插入关键帧，如图6-39所示。

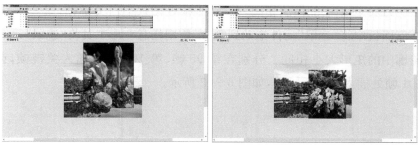

图6-39　制作"图片"图层

（10）点击"显示或隐藏所有图层"，将"图片"和"背景"图层隐藏，点击"锁定或解除锁定所有图层"，将"遮罩"图层以外的其他图层锁定。新建图层，命名为"遮罩"，然后在第40帧处插入关键帧，在库面板中将"遮罩"元件拖动到舞台，使用任意变形工具将"遮罩"元件调整为和直线轮廓中的矩形大小相同，如图6-40所示。

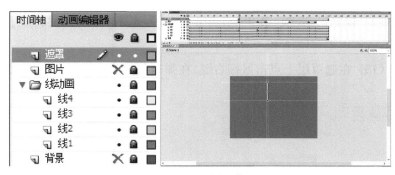

图6-40　制作"遮罩"图层1

（11）在第55帧插入关键帧，使用任意变形工具将"遮罩"元件调整为和直线轮廓中的矩形大小相同。

（12）按照相同的方法，在第60帧插入关键帧，使用任意变形工具将"遮罩"元件调整为和直线轮廓中的矩形大小相同，如图6-41所示。

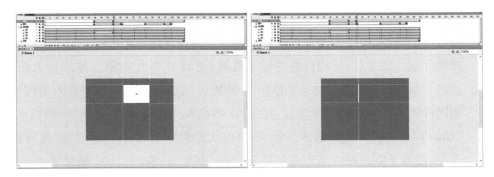

图 6-41　制作"遮罩"图层 2

（13）同上面的做法相同，在第 61 帧处插入空白关键帧，第 80 帧处插入关键帧，在库面板中将"遮罩"元件拖动到舞台，使用任意变形工具将"遮罩"元件调整为和直线轮廓中的矩形大小相同。分别在第 95 帧、第 100 帧处插入关键帧，调整大小，在第 101 帧处插入空白关键帧，如图 6-42 所示。

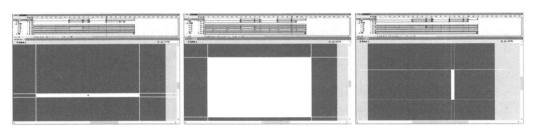

图 6-42　制作"遮罩"图层 3

（14）在第 40 帧到第 55 帧之间点击右键"创建传统补间"，同理，第 55 帧到第 60 帧、第 80 帧到第 95 帧、第 95 帧到第 100 帧，点击右键"创建传统补间"，如图 6-43 所示。

（15）在遮罩层上点击鼠标右键，在弹出菜单中选择"遮罩层"，如图 6-44 所示。

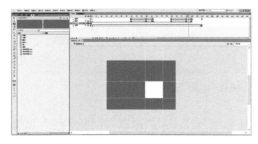

图 6-43　制作"遮罩"图层 4

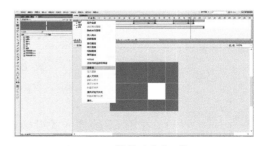

图 6-44　转换为"遮罩"图层

（16）按下 Ctrl＋Enter 快捷键后，可以测试动画的效果。当直线在移动的过程中，图形由于遮罩的运动作用随直线动画而逐渐显示或消失，保存，如图 6-45 所示。

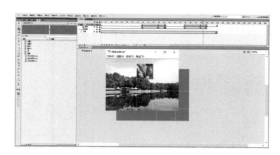

图 6-45　测试动画

项目二
三维动画制作

学习目标

- 了解 3ds max 的软件功能和动画制作思路。
- 掌握软件的基本操作方法和制作技巧。
- 掌握常用的动画制作方法。

任务 1
基于控制器的动画

任务描述

月月平时热衷于摄影,拍了很多照片,看着这些丰富多彩的照片,她经常会想如果能让这些图片动起来,会不会更精彩呢?

视频 6-6
扭动苹果

任务分析

3ds max 软件可以在计算机上制作动画和特效,而且制作流程简单,方便易学,可以利用该软件进行动画设置。

任务实施

一、3ds max 中的动画控制器

在 3ds max 中,所有的动画数据都由控制器来处理。在 3ds max 中内置了各种各样的动画控制器,掌握这些控制器的功能以及它们相互之间的区别,对于正确得到所期望的动画效果至关重要。这里,只对其中最常用的表达式控制器进行介绍。

二、操作实例

这里我们以制作一个"会扭动的苹果"为例,初步了解 3ds max 的动画制作过程。

（1）双击桌面上的 3ds max 7 图标,打开 3ds max 7 软件,执行"文件/重置"命令,以创建一个干净的场景,如图 6‑46 所示。

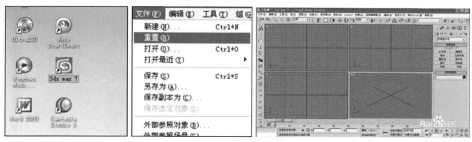

图 6‑46　新建场景

（2）激活左视图,执行"创建/图形/线"命令,如图 6‑47 所示。

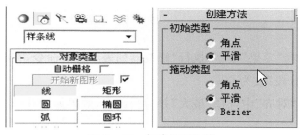

图 6‑47　创建图形和线

（3）在"创建方法"卷展栏,将"初始类型"和"拖动类型"均选为"平滑"。

（4）在左视图中绘制苹果轮廓线,如图 6‑48 所示。

（5）选择苹果轮廓线,进入修改面板,单击曲线的"顶点"级,使用移动工具修改轮廓线,直至满意为止,如图 6‑49 所示。

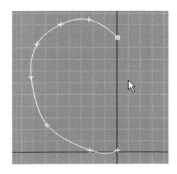

图 6‑48　绘制轮廓线

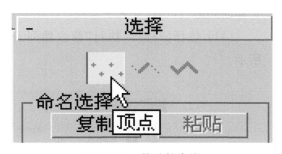

图 6‑49　修改轮廓线

（6）选择轮廓线，执行"修改/修改器列表/车削"命令，如图6-50所示。

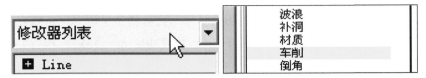

图6-50　修改器

（7）选择"车削"命令后，苹果效果如图6-51所示。

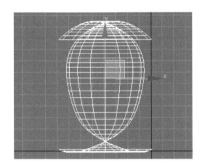

图6-51　车削效果

（8）选择"苹果"模型，执行"修改器列表/车削"命令，在参数面板中，勾选"焊接内核"，并将"分段"改为60。

（9）在"对齐"中选择"最大"并适当调整，效果如图6-52所示。

图6-52　车削最大化效果

（10）激活顶视图，执行"创建/标准基本体/圆柱体"命令，随意创建一个圆柱体，并移动到适当位置，作为苹果梗。

（11）选择圆柱体，执行"修改器列表/弯曲"命令，并调整参数，效果如图6-53所示。

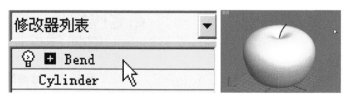

图6-53　弯曲效果

(12) 选中整个苹果模型,执行"组/成组"命令。

(13) 为苹果模型创建扭动的动画效果。在动画控制面板中单击"时间配置"按钮,单击"时间配置"按钮后,将弹出"时间配置"对话框,如图 6-54 所示。

(14) 在"时间配置"面板的各项参数设置如图 6-54,将"速度"设置为"2x",将"结束时间"设置为 30。

(15) 按下"设置关键点"按钮,确定时间滑块为"第 0 帧",确定关键帧,如图 6-55 所示。

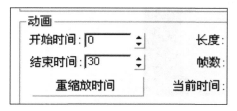

图 6-54　时间配置

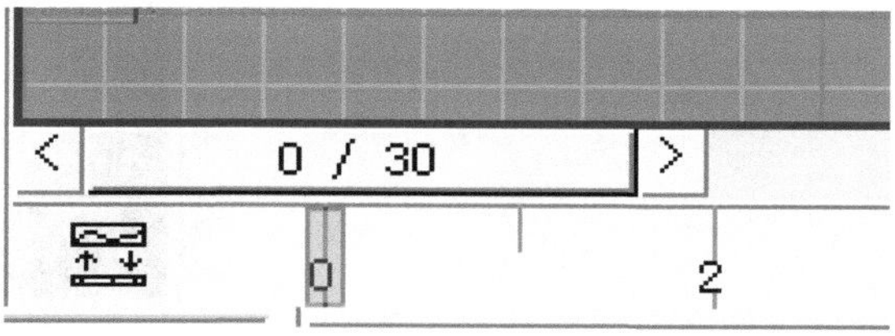

图 6-55　关键点设置

(16) 将时间滑块滑至"第 5 帧",按下"设置关键点"按钮,用"选择并均匀缩放"工具将苹果模型进行变形,按下关键帧,如图 6-56 所示。

(17) 将时间滑块滑至"第 10 帧",用"选择并均匀缩放"工具将苹果模型再次进行变形,按下关键帧。

(18) 重复以上步骤,分别将时间滑块滑至"第 15 帧"、"第 20 帧"、"第 25 帧"、"第 30 帧",用"选择并均匀缩放"工具将苹果模型进行变形,分别设下关键帧,如图 6-57 所示。

图 6-56　工具选择

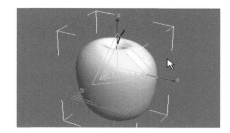

图 6-57　挤压变形

(19) 关闭"设置关键点"按钮,点击"渲染场景对话框",将"时间输出"选为"活动时间段",如图 6-58 所示。

(20) 点击"渲染输出"后面的"文件"按钮,将弹出"渲染输出文件"对话框,如图 6-59 所示。

(21) 将"文件名"改为"会扭动的苹果",将"保存类型"选为"AVI 文件",单击"保存"按钮。

图 6-58　渲染场景对话框

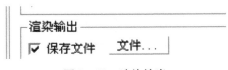

图 6-59　渲染输出

（22）扭动的苹果动画完成，找到刚才保存的文件，按播放键观看，如图 6-60 所示。

图 6-60　完成效果

知识链接

车削：在使用 3ds max 中使用车削修改器可以对样条线相对于某一轴线进行旋转而得到一些相应复杂的几何体。

选择并均匀缩放工具：可使物体按照比例进行放大或缩小。

任务拓展

通过表达式控制器来制作的动画，常称其为表达式动画。表达式动画是通过数学表达式来实现对运动物体的控制的，它可以控制物体的基本属性参数（如长度、半径等），控制物体属性的变化和修改（如位置移动和形态的缩放等），数学表达式是指数学函数计算后返回的值，3ds max 提供的各种函数来控制物体的运动。

任务 2
关键帧动画

任务描述

了解了 3ds max 软件后，月月发现其中最关键的是动画的运动过程，她想深入学习动画的设置。

视频 6 - 7
跳动小球

任务分析

在 3ds max 中,关键帧动画能解决大多数动画问题。

任务实施

一、动画和帧

动画是基于人的视觉原理创建运动图像,在一定时间内连续一系列相互关联的静止画面时,会感觉成连续动作,每个单幅画面被称为帧。

二、关键帧

动画设置就是创建物体和编辑物体的属性随时间变化的过程。在关键帧动画中,用户通过对属性在不同的时间上设置关键帧来创建运动。关键帧是一个标记,它表明物体属性在某个特定时间上的值,一旦用户创建了要运动的物体,就要设置关键帧来描述物体的属性在动画过程中何时变化。

只需要创建记录每个动画序列的起始、结束和关键帧,即 keys(关键点)。关键帧之间的播值则会由 3ds max 自动计算完成,在效果上,它相当于在特定时间上创建属性的快照。3ds max 可以使我们在任何时候能够既改变动画的帧速又改变时间显示,而不更改动画过程。

在 3ds max 7 中,除非用户在其他位置创建了一个关键帧,否则系统不会在第 0 帧自动创建关键帧。不过在关键帧创建之后,就可以移动、删除或重新创建第 0 帧的关键帧了。

三、操作实例

这里我们以制作一个"跳动的小球"为例,详细了解关键帧动画内容。

(1)双击桌面上的 3ds max 7 图标 ,打开 3ds max 7 软件,执行"文件/重置"命令,以创建一个干净的场景。

(2)执行"创建/几何体/球体"命令,在顶视图中创建一个球体,参数设置如图 6 - 61 所示。

(3)将时间滑块移动到第 0 帧,将小球沿 Y 轴移动一定距离,打开"自动关键点"。

(4)将时间滑块移动到第 10 帧,用移动工具将小球沿 Y 轴移动到地平面上,这样就自动形成了两个关键帧,如图 6 - 62 所示。

图 6-61　参数设置

图 6-62　形成 2 帧

（5）按住"shift"键，将第 0 帧和第 10 帧分别向后复制到第 100 帧，播放动画观察效果。

（6）打开"曲线编辑器"，选择最下一行所有关键点，将它们的输入和输出改为如图 6-63 所示。

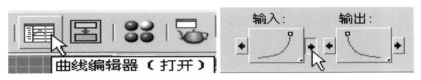

图 6-63　设置曲线

（7）播放动画，这时球体的下落曲线为抛物线，球体落地有弹起的效果。

（8）修改后的抛物线型如图 6-64，球体在下落的时候是加速，在上升的时候是减速。

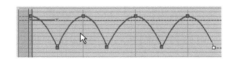

图 6-64　抛物线效果

（9）最后改变轴心点，使球体下落的时候重心在底部（球体最低位置）。选择球体，选择"层次"/"仅影响轴"，如图 6-65 所示。

（10）选择移动工具，将轴心点移动到地平面上，如图 6-66 所示。

图 6-65　改变轴心点

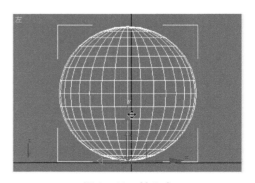

图 6-66　轴心点

(11) 按下播放按钮,观察动画。

📘 **知识链接**

通过设置关键帧来制作动画的优点是:用户可以随时在动画记录关闭的状态下创建一个新的物体或者修改为有被记录为动画的物体属性,这些改变将影响到整个动画。前提是在修改场景时,要将时间滑块移动到相应的关键帧。如果要修改已经被记录为动画的物体属性时,没有开启关键帧的自动捕捉,那么这种改变也将影响到整个动画。

📝 **任务拓展**

关键帧的创建技巧。如果想要成功制作关键帧需要三个条件:一是必须激活开关;二是时间上必须有变化,也就是从第 0 帧到第 100 帧的时间上的变化;三是属性值上必须有变化,也就是说第 0 帧的时候物体在 a 处,到下一帧物体必须发生位置或大小的变化。

任务 3
角色动画

📋 **任务描述**

视频 6-8
行走小人

月月的技术已经有所提高,不满足于简单物体扭动和转向的操作,她希望能设计类似许多游戏中的人物动画,创作自己喜爱的人物及其动作。

📊 **任务分析**

在 3ds max 中,可以运用角色动画来实现月月的愿望。

📖 **任务实施**

一、角色动画

角色动画是最具挑战性也最有成就感的计算机动画形式之一。在角色动画中,三维设计师通过把数字化骨髓的变化和蒙皮的形变结合在一起,实现了角色在三维空间中的移动和形态变化。当然,所设定的角色不一定非要是人或动物,我们将试图通过动画向观众表达一定的故事或思想物体,设定为角色。也就是说,用来给人做动画的技巧与方法,可以应用在其他任何物体制作中。

二、操作实例

这里我们以制作一个"会行走的小人"为例,探索角色动画的制作过程。

(1)双击桌面上的 3ds max 7 图标 ,打开 3ds max 7 软件,执行"文件/重置"命令,以创建一个干净的场景。

(2)执行"创建/几何体/系统/Biped"命令。在透视图中拉出一个高度为 70 左右的小人,如图 6-67 所示。

(3)在"运动"面板中选择"足迹模式",如图 6-68 所示。

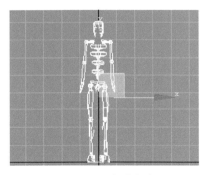

图 6-67　创建角色

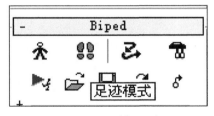

图 6-68　选择足迹

(4)在"足迹创建"中选择"创建多个足迹"。当然,也可以选择"运行"、"跳跃"等其他模式,如图 6-69 所示。

(5)将出现"设置足迹数"对话框,在对话框中将"足迹数"设置为 10,单击"ok",如图 6-70 所示。

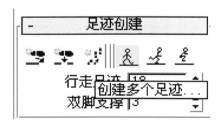

图 6-69　创建足迹模式

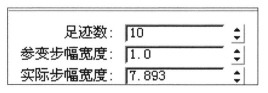

图 6-70　设置足迹数

(6)在顶视图中选择左脚印,把他们移到跟右脚印在一条直线上,如图 6-71

所示。

(7) 单击"足迹操作"下的"为非活动足迹创建关键点",如图 6-72 所示。

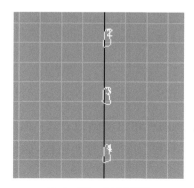

图 6-71 对齐脚印

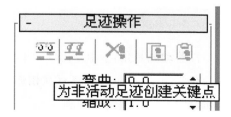

图 6-72 创建关键点

(8) 单击播放动画按钮,人物骨骼就会走动起来。

(9) 保存文件并进行渲染,点击"渲染场景对话框",将"时间输出"选为"活动时间段",如图 6-73 所示。

(10) 点击"渲染输出"后面的"文件"按钮,将弹出"渲染输出文件"对话框。

(11) 将"文件名"改为"会行走的小人",将"保存类型"选为"AVI 文件",单击"保存"按钮,如图 6-74 所示。

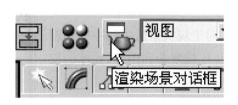

图 6-73 场景渲染

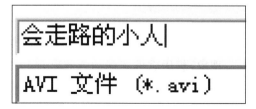

图 6-74 保存格式

(12) 回到"渲染场景"对话框,单击"渲染"按钮,可能需要等待一段时间,电脑正在对每一帧进行渲染,渲染最后效果如图 6-75 所示。

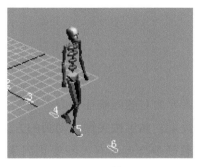

图 6-75 效果图

使用足迹设置动画：足迹模式使用独特的足迹 Gizmo 控制脚与地面的接触。将足迹 Gizmo 移到新位置时,动画更新会与移动相匹配。

📝 **任务拓展**

骨骼动画是角色动画中的一种,当前有两种角色动画的方式:顶点动画和骨骼动画。在骨骼动画中,模型具有互相连接的"骨骼"组成的骨架结构,通过改变骨骼的朝向和位置设计模型生成动画。

骨骼动画是比顶点动画要求更高的处理器性能,但同时它也具有更多的优点,骨骼动画可以更容易、更快捷地创建。不同的骨骼动画可以被结合到一起。

任务 4
动力学动画

🗒 **任务描述**

视频 6-9
池塘喷泉

月月在学习 3ds max 的过程中发现,对于现实生活中的一些物理现象,想用软件实现动画效果,按一般做法比较复杂和困难,如球的反弹和重力现象等,有什么简单方法实现吗?

📈 **任务分析**

在 3ds max 中,可以运用动力学动画来实现月月的愿望。

📖 **任务实施**

一、动力学动画

对于动画来说,所要面对的困难任务之一就是创建真实的碰撞效果,比如落叶的飘散、下雨和下雪的效果。如果按关键帧动画的方法来制作的话,既耗时又困难,因为在制作过程中,要考虑很多与运动有关的变化因素,这使得工作量非常大。3ds max

为用户提供了动力学工具,使得这个问题可以迎刃而解。

动力学动画通过模拟物体的物理属性和物理运动定律,考虑了物体的质量、惯性等属性,以及摩擦力、引力和物体之间碰撞等外力作用,使得物体可以自动按运动规律产生逼真的动画效果。简单地说,动力学动画就是模拟外力作用于一定质量物体所产生的加速度。物体的运动通过加速度效应在一定时间和距离内作用于物体,确定物体随时间变化的速度和位置。

二、操作实例

这里我们以制作一个"池塘喷泉"为例,探索动力动画的制作过程。

(1)双击桌面上的 3ds max 7 图标 ![icon],打开 3ds max 7 软件,执行"文件/重置"命令,以创建一个干净的场景。

(2)执行"创建/几何体/粒子系统/超级喷射"命令,在顶视图中创建超级喷射粒子,如图 6-76 所示。

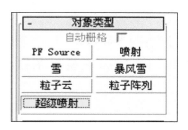

图 6-76　粒子系统

(3)展开"超级喷射"下的"基本参数"卷展栏,各项参数设置如图 6-77 所示。

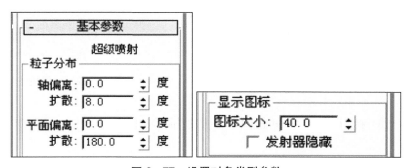

图 6-77　设置对象类型参数

(4)展开"超级喷射"下的"粒子生成"卷展栏,各项参数设置如图 6-78 所示。

(5)设置"粒子计时"各项参数,如图 6-79 所示。

(6)选择"子帧采样"各个选项,如图 6-80 所示。

图 6-78 设置粒子生成

图 6-79 设置粒子的发射计时

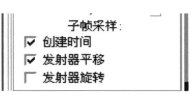

图 6-80 设置子帧

（7）设置"粒子大小"各项参数，如图 6-81 所示。

（8）展开"超级喷射"下的"粒子类型"卷展栏，勾选"球体"选项，如图 6-82 所示。

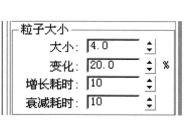

图 6-81 设置粒子大小

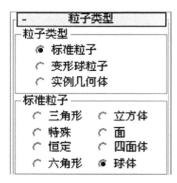

图 6-82 设置粒子类型

（9）执行"创建/空间扭曲/力/重力"命令，在透视图中点击创建重力，如图 6-83 所示。

图 6-83 设置重力效果

（10）单击工具栏中的"绑定到空间扭曲"按钮，在视图中选择重力图标，按住左键不放拖动到粒子系统上，这时粒子的图标会闪一下，这证明已经绑定成功，如图 6-84 所示。

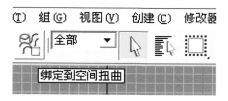

图 6-84　绑定空间扭曲

（11）把它们进行绑定后，粒子就会受到重力的影响，这时看到透视图中的粒子向下喷射，这是因为重力的强度太大，因此要把强度值降低一点，这样看起来才有喷泉的感觉，如图 6-85 所示。

（12）为喷射粒子进行贴图。单击工具栏中的"材质编辑器"，选择一个示例球，单击左侧的"锁定"按钮，进行锁定，如图 6-86 所示。

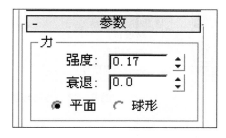

图 6-85　调整重力强度

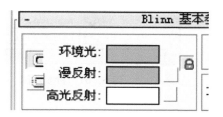

图 6-86　设置光和漫反射

（13）设置"环境光"和"漫反射"的颜色，如图 6-87 所示。

（14）将"自发光"颜色设置为 91，值越大视图中的颜色越亮，将"不透明度"设置为 78，如图 6-88 所示。

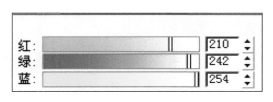

图 6-87　设置颜色参数

图 6-88　自发光参数

（15）将"反射高光"中的"高光级别"设置为 74，将"光泽度"设置为 19，如图 6-89 所示。

（16）展开"扩展参数"卷展栏，将"高级透明"下的"衰减"勾选为"外"，"数量"设置为 72，如图 6-90 所示。

（17）各项参数设置完成后，单击"将材质指定给选定对象"按钮，把材质指定给粒子系统，如图 6-91 所示。

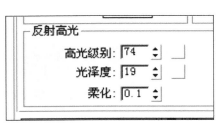

图 6-89 反射光参数

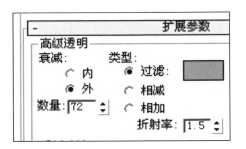

图 6-90 扩展参数

（18）为喷泉贴上背景，选择工具栏中的"渲染/环境"，如图 6-92 所示。

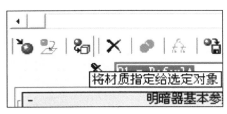

图 6-91 材质贴图

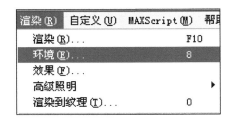

图 6-92 渲染环境

（19）打开"环境和效果"对话框，点击"环境贴图"下的按钮，在图库中寻找一张合适的背景图片，如图 6-93 所示。

（20）单击"快速渲染"看一下效果，把喷泉调整到适当的位置，如图 6-94 所示。

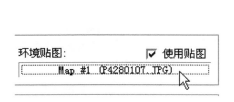

图 6-93 选择背景

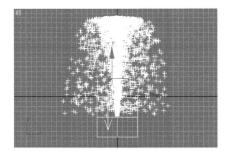

图 6-94 快速渲染

（21）为了使粒子系统更像泉水，给粒子系统加上模糊的设置，在视图中选择粒子系统并单击鼠标右键，选择"属性"，弹出"对象属性"对话框，在"运动模糊"下勾选"图像"，如图 6-95 所示。

（22）再进一步给喷泉增加模糊运动的虚拟帧长度，单击工具栏中的"渲染场景对话框"，在弹出的对话框中选择"渲染器"。

（23）把"图像运动模糊"下的"持续时间"设置为 3，使喷泉流动的效果更为逼真，如图 6-96 所示。

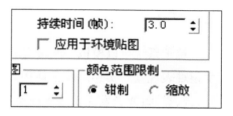

图 6-95　粒子模糊　　　　　　　图 6-96　图像模糊时间

（24）对喷泉动画进行渲染，点击"渲染场景对话框"，将"时间输出"选为"活动时间段"，如图 6-97 所示。

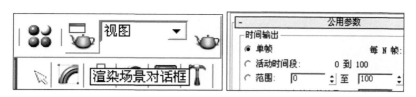

图 6-97　动画渲染

（25）点击"渲染输出"后面的"文件"按钮，将弹出"渲染输出文件"对话框。

（26）将"文件名"改为"喷泉"，将"保存类型"选为"AVI 文件"，单击"保存"按钮，如图 6-98 所示。

（27）回到"渲染场景"对话框，单击"渲染"按钮，可以看到最后的动画效果，如图 6-99 所示。

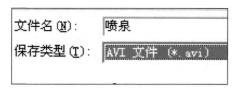

图 6-98　保存格式

图 6-99　动画效果

知识链接

重力：空间扭曲可以在粒子系统所产生的粒子上进行自然重力效果的模拟。重力具有方向性，沿重力箭头方向的粒子加速运动，逆着箭头方向运动的粒子进行减速运动。

粒子系统可以模拟一些特定的模糊现象的技术,而这些现象用其他传统的渲染技术很难表现其真实感。经常使用粒子系统模拟的现象有火、爆炸、烟、水流、火花、落叶、云、雾、雪或者发光轨迹等抽象视觉效果。

任务 5
综合实践——玩雪橇的雪人

任务描述

随着学习的深入,月月发现物体可以沿着特定的轨迹进行运动,月月想要深入了解更多。

视频 6-10
玩雪橇的雪人

任务分析

在 3ds max 中,可以用"路径约束"控制器来制作沿特定路线运动的物体。

任务实施

一、"路径约束"控制器

"路径约束"控制器通常用来制作比如飞机沿特定路线飞行、汽车按特定的路线行驶,或者建筑漫游动画中,设置摄影机按特定的路线在小区楼盘中穿梭等。接下来将通过一组实例操作,为大家讲解"路径约束"控制器的一些用法。

二、操作实例

这里我们以制作一个"玩雪橇的雪人"为例,探索从角色设定到简单环境动画创作的制作过程。

(1)双击桌面上的 3ds max 7 图标 ,打开 3ds max 7 软件,执行"文件/重置"命令,以创建一个干净的场景。

(2)执行"创建/几何体/球体"命令,在顶视图中创建一个球体(大小可根据个人喜好自定义),作为雪人的身体。在球体的正上方,再创建一个球体(大小可根据个人喜好自定义),作为雪人的头部,如图 6－100 所示。

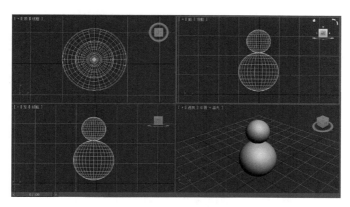

图 6－100　身体建模

(3) 执行"创建/几何体/球体"命令,在前视图创建一个球体(大小可根据个人喜好自定义),作为雪人的眼睛。按住"shift"键,移动鼠标再复制一个球体作为另一只眼睛。同样在前视图创建一个圆锥体作为雪人的鼻子。

(4) 在顶视图创建一个圆锥体,作为雪人的帽子。在前视图创建一个胶囊作为雪人的手臂,调整合适大小后按住"shift"键,移动鼠标再复制一个胶囊作为另一只手臂,如图 6－101 所示。

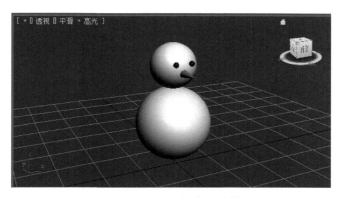

图 6－101　眼睛、鼻子建模

(5) 在顶视图创建一个圆环,调整大小和颜色作为雪人的围巾。同样在顶视图创建一个长方体,作为雪橇。调整合适大小后按住"shift"键,移动鼠标再复制另一个雪橇,如图 6－102 所示。

(6) 执行"选择并链接"命令,将雪人所有的配件都链接到雪人的身体上。

(7) 执行"创建/几何体/下拉菜单找到 AEC 扩展"命令,在顶视图中创建一棵树木,并调整合适大小,如图 6－103 所示。

图 6 - 102　帽子、围巾、雪橇建模

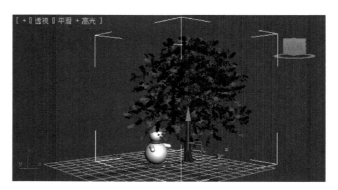

图 6 - 103　树木建模

　　（8）执行"创建/图形/线"命令，"初始类型"和"拖动类型"下都选择"平滑"。在顶视图画螺旋线，并在其他各个视图进行节点调整，如图 6 - 104 所示。

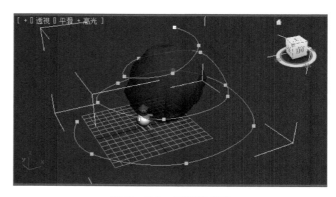

图 6 - 104　螺旋线创建

　　（9）选中雪人的身体，执行"运动/参数/位置 XYZ/指定控制器/路径约束"命令，如图 6 - 105 所示。

　　（10）执行"路径参数/添加路径"命令，点击视图中的螺旋线，将路径添加进来，这时雪人已经自动绑定到螺旋线上，如图 6 - 106 所示。

（11）勾选"权重"命令，使得雪人方向和路径一致，如图 6－107 所示。

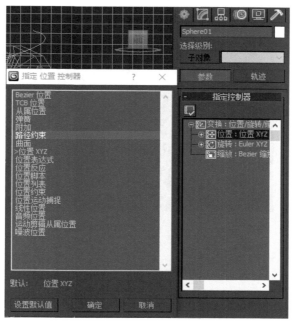

图 6－105　路径约束

图 6－106　添加路径

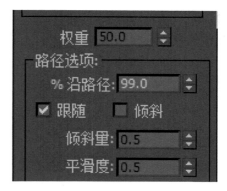

图 6－107　路径跟随

　　（12）最后运用旋转工具，调整雪人的方向，按播放键，完成最终动画效果，如图 6－108 所示。

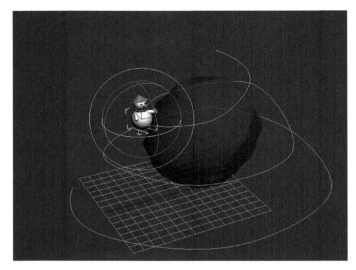

图 6-108 最终效果

"路径约束"控制器是一个用途非常广泛的动画控制器,它使物体沿一条样条曲线或多条样条曲线的平均距离的路径运动。

"路径约束"控制器的"百分比"数值默认的控制器为"线性浮点"控制器,也就是物体的路径动画只能是匀速的,但是只要把控制器更改为"Bezier 浮点",就可以调节物体的加速或减速运动了。

卡通形象人物角色设定。

一、模型制作要求

(1) 运用 3ds max 软件创作完成人或动物卡通模型及材质制作。
(2) 根据自身能力创建卡通人物模型,要求造型准确。
(3) 所有模型配件需自行建模型完成,可适当运用图片,材质及颜色自定。

二、周边环境及动画制作要求

(1) 对所完成卡通人物进行动画创作。

（2）要求卡通人物动作连贯。

（3）添加适当的周边环境，需自己建模完成。

（4）将动画导出为 AVI 格式。

（5）动画时长 100 帧。

三、评价指标

形象生动有趣/关键帧设置/动作连贯自如/材质与灯光/周边环境设置。

项目评价

	测评项目	学生自评		
		完全理解	比较了解	有待了解
任务 1	基于控制器的动画			
任务 2	关键帧动画			
任务 3	角色动画			
任务 4	动力学动画			
任务 5	综合实践——玩雪橇的雪人			
小组评价	项目实践成果	☐ 良好　　☐ 一般		
教师评价	综合课堂效果和综合实践完成情况	☐ 已掌握　　☐ 进一步学习		